JN296016

やるぞ!! HACCP
とるぞ!! ISO （9001:2000）

こうして進める認証審査までの取組

■ 永坂 敏男

■ 幸書房

は じ め に

　いま、食品づくりの新しい管理手法としては、4つのやり方が採用されつつある。

　1つめは ISO 9001：2000 と呼ばれる品質マネジメントシステムであり、「経営者の責任」「資源の運用管理」「製品実現」「測定、分析及び改善」の4つの大きなプロセスから成り立っている。

　会社の規模や製造する食品に関わりなく、この4つの主要なプロセスを満たすことによって品質を維持・向上させてお客様の満足を獲得し、会社の発展を図ろうとするものだ。

　2つめは HACCP と称される危害分析重要管理点方式だ。

　HA = Hazard Analysis（危害分析）と CCP = Critical Control Point（重要管理点監視）の2つの要素から構成された方式である。

　製造工程の中でどのような危害（生物学的・化学的・物理的）があるかを抽出し、それらの防止措置、重要管理点、管理基準、モニタリング、改善措置、検証方法を定めて食品の安全性と健全性、そして品質を確認するための計画的な製造方法だ。

　3つめは HACCP の考え方を導入しようとするものだ。

　現在、HACCP の承認が行われているのは、乳・乳製品、食肉製品、容器包装詰加圧加熱殺菌食品（缶詰・レトルト食品）、魚肉練り製品、清涼飲料水の5種類の食品についてだけであり、これ以外の食品は対象とされていない。

　しかし、安全な食品づくりには、今のところ HACCP に敵うものがない。

　そこで HACCP に基づいて、製造工程や作業環境、インフラストラクチャーを見直し、食品の安全性を確実にしようとする各食品関連協会や保健所などの機関が中心となって活動をしている。

　4つめは ISO 9001：2000 と HACCP の組み合わせだ。

もともと ISO 9001：2000 は、すべての業種：建築、弱電、自動車などの製造業にも、また商社やホテル、レストランなどのサービス業にも、あらゆる会社に適用できるように考えられており、食品専用というものではない。

　そのため食品の安全性については HACCP ほど明確化されておらず、食品産業における品質マネジメントシステムを構築する際には、一部に安全性についての漏れが発生するかもしれないという弱点がある。

　こうした背景から、食品づくりにおいては、HACCP を取り入れた ISO 9001：2000 でなければ効果的なシステムの運用ができないと考え始められた。

　食品を製品として製造することは、まず「安全な食品」の提供から始まり、次いで「安心な食品」のための健康、美味しさ、価格、手軽さ、満足感、希少性などお客様の様々な求めに応える必要がある。

　得てしてこれらの達成は、製造部門や品質管理部門、商品開発部門だけに課せられた命題とされやすいが、「安心な食品」づくりには経営者を含めてすべての部門と階層が参画して創り上げるものだ。

　「安全な食品」と「安心な食品」の両面を兼ね備えた食品づくりのために、ISO 9001：2000 と HACCP の融合システムが、いま、唱えられている。

　2004 年 5 月

永　坂　　敏　男

目　　次

　　はじめに　　iii

■こうして進める
危害分析重要管理点方式〜HACCP〜　　*1*

　1　HACCPシステムの誕生　　*3*
　2　安全な食品　　*6*
　3　HACCPの3つの誤解　　*9*
　4　HACCPチームを編成する　　*12*
　5　HACCP勉強会の開催　　*15*
　6　フローチャートの作成　　*18*
　7　その他の文書の作成　　*20*
　8　危　害　分　析　　*23*
　9　危害評価表の作成　　*26*
　10　重要管理点（CCP: Critical Control Point）の設定 1　　*28*
　11　重要管理点（CCP: Critical Control Point）の設定 2　　*30*
　12　管　理　基　準　　*33*
　13　モ ニ タ リ ン グ　　*36*
　14　改　善　措　置　　*39*
　15　検証の手続き　　*41*
　16　文書と記録の保存 1　　*44*
　17　文書と記録の保存 2　　*47*
　18　HACCP総括表の作成　　*49*
　19　HACCPプランの運用とレビュー　　*51*
　20　HACCPの申請及び審査、承認と承認後　　*54*

■こうして進める

品質マネジメントシステム〜 ISO 9001：2000 〜　　57

 1　ISO 9001：2000 の 3 つの誤解　　59
 2　経営者の決断　　61
 3　認証取得年月日の決定　　63
 4　コンサルタントは必要か　　65
 5　管理責任者と ISO 推進事務局員の選任　　68
 6　認証取得のキックオフ宣言　　70
 7　システム構築者への品質マネジメントシステムの基礎教育　　72
 8　文書の構成　　74
 9　文書書式手順の作成　　76
 10　品質マネジメントシステムの基本構想の決定　　78
 11　ISO 組織図の作成　　80
 12　業務（責任と権限）　　82
 13　プロセスフロー 1　　84
 14　プロセスフロー 2　　86
 15　プロセスの測定基準　　90
 16　プロセスの測定機会　　91
 17　品質マネジメントシステム計画 1　　93
 18　品質マネジメントシステム計画 2　　95
 19　文書審査の申し込み　　97
 20　既存文書の整理　　99
 21　記録と手順書 1　　101
 22　記録と手順書 2　　103
 23　記録と手順書 3　　105
 24　規　定　書　　107
 25　品質マニュアル　　109

26	マトリックス	*111*
27	文書と記録の検証	*113*
28	文　書　審　査	*115*
29	従業員への品質マネジメントシステム基礎教育	*117*
30	予備審査の申し込み	*119*
31	品質マネジメントシステム運用開始のキックオフ	*120*
32	認証審査の申し込み	*122*
33	内部監査員研修	*124*
34	認証審査前の実施事項	*126*
35	認証審査　1	*127*
36	認証審査　2	*129*
37	認証審査　3	*130*
38	2種類の5S	*132*
39	第1の5S	*134*
40	第2の5S	*136*
41	最　後　に	*138*
42	もう1つ、最後に	*140*

■ 工場の約束事～イラスト版5S～　　*143*
■ あとがきに代えて—（株）ストラップ ISO取得　　*179*
■ ISO 9001：2000 認証取得計画表　　*184*

❀ カバー・本文イラスト：安部容子

こうして進める

危害分析重要管理点方式

～ HACCP ～

1 HACCPシステムの誕生

● 宇宙食から始まったHACCP

　HACCPの考え方は、1960年代にNASA（アメリカ航空宇宙局）によりアポロ計画の宇宙食の安全確保から生まれたものである。

　大気圏外に打ち出された宇宙飛行士が食品を食べることにより、腹が痛くなったり、下痢や嘔吐の症状に襲われて青息吐息になったときに、

「すいません、お医者さんを呼んでもらえますか……」

「我慢できないから、地球に戻してもらえますか……」

などと懇願されても、何百億円という莫大な費用をかけているために、おいそれと救援隊を派遣させたり帰還させたりする訳にはいかない。

　かといって、

「我慢が大切だ、宇宙飛行士が泣いてはみっともない……」

と諭すことも不人情だ。

　そのうえ食中毒のせいで亡くなってしまったら、厳しい世論のために

宇宙開発計画そのものの遅れは否めまい。

このような背景から、食べても身体に危害を与えない食品、つまり安全な食品づくりの予防的な製造方法がHACCPを誕生させたのである。

● HACCPの歴史は意外と古い

1970年代にFAD（米国食品医薬品局）がこの考えに注目し、水産加工食品に多発していたボツリヌス菌による食中毒をなくす方法として、ボツリヌス菌に限定して容器包装詰の低酸性食品にHACCPの考え方を導入することにした。

この考え方に即して、密封性、pH値、水分活性値、加熱殺菌温度と時間、冷却水の塩素処理などを確実にすれば、食中毒の発生を未然に防止できるのではないかと推論したのである。

FADはこれらのシステムを法制化して約25年間実施させた結果、重大な食中毒事件が皆無となった。このことは、衛生管理手法としてのHACCPの効果を実証し、HACCPシステムの推進に大きな影響を与えたのである。

● HACCP初期の日本への導入

一方、日本では1970年代に農林省から『缶詰及び植物油脂の製造流通基準』と、厚生省から『弁当と総菜の衛生規範』、その後漬物や豆腐などについての衛生規範が発効された。

こうすれば「安全な食品」の提供が、経験と勘だけで行われていた以前と比べてもっと確実にできます…という規定だ。

なかなかよくできた教科書で、これらに示されている約束事をきちんと守って製造することで、「安全な食品」づくりがずいぶんと可能になった。

しかし、これらの衛生規範は法律化されず強制力を持たなかったために、知らない会社があったり、あるいは無視されたりしたため、食中毒

事件は依然として絶えなかった。

● O157食中毒事件を経て、HACCPの本格導入

そして1996年、O157食中毒事件を契機に、厚生省は食品衛生法に「総合衛生管理製造過程承認制度実施要領」を盛り込み、食品製造の新たな承認制度をスタートさせた。

これが、HACCPシステムだ。

HACCPシステムが、先の『製造流通基準』や『衛生規範』、あるいはISO 9001：2000と比べて優れているところは、ひとえに危害分析を行うところにある。

危害分析とは、それぞれの食品会社の、食品ごとの製造工程の中で想定される危害を分析し、その危害をどのように監視すれば「安全な食品」づくりが可能かを決定するためのものである。

●ちょっと宿題、HACCPの実施

HACCP自体の考えは、いたってシンプルで素晴らしいものである。しかし日本では、その実施において、大きな宿題を残してしまった。

それは規定の対象が、乳・乳製品、食肉製品、容器包装詰加圧加熱殺菌食品（缶詰・レトルト食品）、魚肉練り製品、清涼飲料水の5種類の食品（2003年3月現在）に限って食品会社の申請に基づき厚生労働省が個別に承認しているに留まり、それ以外の食品は蚊帳の外としている点だ。

2 安全な食品

● Q:「安全な食品」とは？
　A:「苦情のない食品」？？？…

　仕事柄、全国の食品会社の経営者と話をする機会に恵まれる。
　なかには名だたる大企業やHACCPの承認商品の製造、ISO 9001：2000の認証を得ている企業の社長もいらっしゃる。
　そうした方々に「安全な食品とはなんですか？」と聞くと、思わず吹き出してしまいそうな答えが返ってくることが多い。
　一番多いのが「苦情のない食品」という答えである。
　私は経営者という人は、定量的な話をするものだと思い込んでいたから、この答えには仰天するしかなかった。

● 激増する苦情に対応が追いつかない

　裏を返せば、それほど食品会社への苦情がここ数年激増しているのである。
　とは言うものの、苦情は氷山の一角であり、表面に現れた苦情の何倍もの消費者の腹立ちが隠れているという事実を知り、経営者はもっと真剣に取り組まなければならない。
　コンサルタントを頼まれて出掛けていく会社の中には、「貴方の会社では、どのような苦情があるのですか」と尋ねると、おもむろに品質管理部の部長やら工場長を呼び付けて説明させるような社長もいる。
　そしてその次に出てくるのは、何年間にもわたる夥しい記録のファイルだ。

貼付できる商品には直接苦情起因が貼付してあり、貼付できない腐敗してしまうような食品は、実物の大きさを示すための物差しと一緒に写真に収まっている。

ところが、そのデータを分析した結果について苦情の傾向を尋ねると「分からない」という返事が返ってくる。

● 苦情に潜む問題の掘り下げと対策

1つひとつの苦情物件には、原因と対策、そして検証結果が書き込まれており、それぞれの部門や階層の担当者の朱印が所狭しと押されているにも関わらず、どのような苦情が多発しているのか、特定の部門に集中してはいないか、昨年と比べてどのように変化しているのかと聞いても「分からない」とおっしゃる。

仕方がないので改善したという内容を拝見すると、どれもが暫定的な処置、つまり現場での思いつきのような改善だけで済ませている。

もちろん、現場での暫定的な処置も必要だが、工場全体として再発を防止するために行う大切な是正処置が忘れ去られている。

● 問題解決にはバックアップが必要

現場での対応は「活動（目標を達成するための働き）」だけに限定されがちであるが、本当の問題はその「活動」をバックアップする「資源（人・物・金など）」と「管理（目標を決めて、間違いなく働いているかチェックし、問題があれば改善して目標通りに実現させること）」、あるいは「インプット（活動を行わせる要因）」にあることが多い。

例えば、教育訓練の不足で中途半端な作業している人（資源）、合否判定のための基準値（管理）の曖昧さなどは、現場レベルだけの問題ではなく、現場をバックアップする部門の問題でもある。

その点が問題であるにもかかわらず放置されているため、同じような苦情が続くのは当たり前だ。

● 「安全な食品」と「経営の安全」を取り違えてはダメ

　「苦情がない食品」が「安全な食品」と信ずる経営者は、消費者にとっての「食の安全」ということと、会社の「経営の安全」ということを取り違えてはいないかどうか、もう一度考えてみる必要がある。

　では、HACCPでいう「安全な食品」とは、どのような食品なのだろう。

　それは、食べ物が原因となって人体に食中毒などの健康障害を生じさせない食品のことだ。

　つまり、食べることにより人の身体の具合を悪くさせない、食べることにより人の身体に傷や怪我を負わせない、食べることにより人を殺さない、食品のことである。

　そして一番大切なことは、経営者と全ての従業員が、それぞれに必要とされている知識と技術を身につけ、それを基にして知恵を働かせ、継続的な改善と、それぞれに与えられた責任と権限を十分に活かすことであり、常に「安全な食品」のために努力している会社の「食品」が「安全な食品」と言えるのである。

3 HACCPの3つの誤解

HACCPには3つの誤解がある。

● 誤解1：HACCPはお金がかかる？

1つめは、「承認を受けるには莫大な金がかかる」というものだ。

どのくらいお金がかかるのかは、自主的衛生管理や一般的衛生管理プログラムなど、食品づくりの衛生の基礎が、その会社でどの程度できているかによる。

私の知っているハムやソーセージを加工しているある工場は、HACCPの認証取得に際し、空調の吹出口の向きをほんの少し変えただけでよかったというような例もあるし、別の工場では、交差汚染の危険性が指摘され、作業室のレイアウトや隔壁を大幅に作り替えるとともに、「照明が破損しないように防止対策を行う」という条件にも不適合だったために照明設備を改修した事例もある。

このように施設、照明、廃棄物処理、従業員施設など様々な施設や設備に対して色々な基準が要求されているが、これらが十分に整備されていない工場ではお金がかかってしまう。

つまりHACCPの基準そのものにではなく、まず、その前段階である一般的衛生管理プログラムにお金が必要となるわけである。

しかし、こうした短期間での施設や設備への多大な投資は、中小企業というよりも、零細企業がほとんどを占める食品業界にとっては実質上不可能と言っても差し支えないだろう。

かといって、このままの状態を続けていれば、一連の食品事件をきっかけに意識が大きく変わった消費者に、市場からの退場を命じられるの

ではないかという恐れもある。

「では、一体どうしたらいいのか…」というジレンマに落ち込んでいるのが食品業界の現状だ。

私は、このような時こそHACCPを構築すべきだと提案したい。

それも施設や設備を新しく、あるいは改修して行うHACCPではなく、企業の大小や製品の種類に関係なく「安全な食品」づくりができるように、HACCPの「いいとこ取り」をする、危害分析を含めたソフト中心のシステムにすれば構わないと考えている。

そして中・長期計画を策定し、段階的に施設や設備の高度化基準を満たすようにするのである。

● 誤解２：HACCPは難しい？

２つめは、「HACCPはとても難しいものだ」と思っている人がいることである。

HACCPは危害分析重要管理点方式と訳されているように、自社の製造工程の中で起こりうる危害を分析し、どこを監視すれば「安全な食品」づくりができるかということをチェックするものである。

ISO 9001：2000の規格のように、何度読んでも意味が理解できないなんてことはなく、市販されているHACCP関連の本を２～３冊勉強すれば、大凡(おおよそ)のことは分かる。

HACCPは決して難しいものではなく、誰にでも分かるシステムなのである。

● 誤解３：HACCPの承認をとったら「安全」という盲信

３つめは、数年前に食中毒事件を発生させた有名乳業メーカーの事例があるにも関わらず、HACCPの承認さえ受ければ「安全な食品」づくりができると盲信している経営者や品質管理担当者がいることだ。

また逆に、その食中毒事件を取り上げて、HACCPも頼りないものだと軽んじることである。

HACCPチームに全てを任せきりにし、HACCPについて真剣に勉強したことがないにも関わらず、通り一遍の知識を振りかざして非難する。

そして「人の命と健康に直接影響を与える食品」を製造しているにも関わらず、「安全な食品」づくりのために国際的に認められたシステムに対して、不完全なもの、未成熟なものと決めつけてしまうのである。

このような、HACCPに対する盲信や軽視は止したほうがいい。

● HACCPの肝心要

HACCPの優れた点は、危害分析だ。

これがあるからこそ「安全な食品」づくりにおいて、HACCPに敵うものはない。

お金がないからHACCP承認は不可能だと嘆くより、お金をかけないHACCPを目指そう。

まず、「危害分析」に取り掛かる。

起こりやすい危害とか、危害が起きた被害の程度とかに捉われず、起きる可能性があると想定される危害をすべて挙げてみることから始める。

大上段に構えることなく少し気楽に考えて、HACCPに取り掛かろう。

4　HACCPチームを編成する

● 決断を、全ての従業員に知らしめる

　HACCPシステムによる衛生管理手法を採用するには、ISO 9001：2000（JIS Q 9001：2000 規格）と同じく、経営者の決断が必要である。

　取締役、役職者、一般社員、そしてパートなどすべての従業員に経営者の決断を周知徹底させなくてはならない。

　それは、HACCPシステムの運用には、組織全員の理解が必要不可欠だからである。

　十分な理解なしで無理やり推し進めようとすると、新たな作業手順への変更や記録付けなどの際、作業効率の低下を招きかねないし、従業員にとって当惑する困難な問題が発生する恐れがある。

　こうしたときに立ち向かう勇気と解決のアイデアを生み出すのは、従業員なのである。

　HACCPチーム【手順1】から従業員1人1人にHACCPの目的をよく伝えておかなければ、ただの面倒臭い、お荷物となるシステムに成り下がってしまう。

　その典型的な例が有名乳業メーカーの事件だ。

　黄色ブドウ球菌に汚染された原料乳を使ったために、最終工程で加熱殺菌したにも関わらず食中毒を発生させてしまった。

　黄色ブドウ球菌は健康な人でも持っている場合があるし、ニキビや傷のある箇所には存在する菌である。

　この黄色ブドウ球菌はエンテロトキシンという毒素を産生し、この毒素は熱で無毒化されないことは、食品の品質管理を囓った人ならたいがい

HACCP〜7つの原則・12の手順

■ 7つの原則

【原則1】　危害分析
【原則2】　重要管理点の設定
【原則3】　管理基準の設定
【原則4】　モニタリング方法の設定
【原則5】　改善措置の設定
【原則6】　検証方法の設定
【原則7】　記録の維持、管理方法の設定

■ 12の手順

【手順1】　専門家チームの編成
【手順2】　製品の記述
【手順3】　意図される使用方法の確認
【手順4】　製造工程一覧および施設の図面
【手順5】　現場確認
【手順6】　危害分析
【手順7】　重要管理点の設定
【手順8】　管理基準の設定
【手順9】　モニタリング方法の設定
【手順10】　改善措置の設定
【手順11】　検証方法の設定
【手順12】　記録保存および文書作成規定の設定

い知っている事実であるし、この乳業メーカーの品質管理者も知っていたはずである。

　しかし、この恐ろしい食中毒菌のことを全ての従業員が理解していなかったことにも事件の一因があるのではないだろうか。

　あるいは、危害分析の際に黄色ブドウ球菌の恐ろしさを忘れてしまっ

た結果なのだろうか。

● メンバー構成の内訳は

　従業員の数が多い会社のHACCPチームのメンバーには、
　　1．経営の権限をもっている経営者
　　2．工場全体を把握している工場長
　　3．製造の知識と技術を熟知している製造部門の責任者
　　4．施設・機械の構造と管理方法を熟知している設備部門の責任者
　　5．細菌の知識と制御方法、混入異物について熟知している品質管理の責任者
　　6．購買する原材料と購買先について熟知している資材部門の責任者
　　7．開発する製品の適正な使用と特性を熟知している開発部門の責任者
　　8．製造現場の担当者
　　9．アドバイザーとして保健所の食品衛生監視員
を選ぶとよいだろう。
　従業員の数が少ない会社のHACCPチームのメンバーには、
　　1．経営の権限をもっている経営者
　　2．工場全体を把握している工場長
　　3．その他の従業員全員（パート従業員の参画はケースバイケース）
　　4．アドバイザーとして保健所の食品衛生監視員
という編成にする。
　とくに忘れてならないのは、保健所の食品衛生監視員をメンバーに加え、その連携を密にすることである。
　食品衛生監視員は食品衛生の専門家であり、HACCPの準備・申請・承認事項の連絡・承認後など、あらゆる場面で厚生労働省と企業との窓口となる人である。
　そうした意味で助言者としては最適である。

5　HACCP勉強会の開催

　和食、洋食、中華、エスニック料理にミクロネシア料理からイタ飯と、調理師になるのにも様々な知識と技術の勉強が必要なように、HACCPを導入するためにはやはりそれなりの勉強をしなくてはならない。

● HACCPメンバーの独り言

　幸いHACCP関連の本は、書店にいやというほど積み上げられている。

　そのうちの自分が気に入った2～3冊を買ってみると、HACCPのアウトラインを知ることができる。

　HACCPシステムの**7原則**と**12手順**の意味、**製造工程一覧図**と**フローダイヤグラム**あるいは**フローチャート**が同義語だとか、**特定要因図**を**魚の骨**と呼ぶんだとか、重要管理点かどうか判断するのは**デシジョンツリー**を使えばよい、なんていう知識は勉強できる。

　しかし、図面の作成や分析の技術と応用は自分だけで勉強できるのだろうか？

　また、他のHACCPチームのメンバーは、自分と同じレベルまで勉強しているのだろうか？

　工場長は朝から夜中まで現場を飛び回っているし、聞くところによるとあまり休みも取っていないらしい。

　品質管理部長もお客様から使用禁止添加物を指摘され、そのために名前が違うが同じ添加物の使用確認に大学や県の研究機関に通い詰めだ。

　そんな状態で本当にHACCPの勉強が進んでいるのだろうか？

　昨日、家で製造工程一覧図を参考書に従って作ってみたけれど、こんな程度で大丈夫なんだろうか？

参考書には「原材料の受入―保管―下処理―加熱―冷却―保管―盛付―包装―保管―提供まで詳細に記入」とポイントが指示されているが、具体的にはよく分からない…。

次に特定要因図をかいてみた。

危害は、生物学的と化学的、そして物理的の3つから想定してみたが、今ウチの会社で一番多い異物混入は毛髪だ。

金属片みたいにお客様に怪我を負わすことはないから、分析しなくても構わないみたいだが、どうしたらいいんだろう…。

● 勉強会の必要性

このように、HACCPについてある程度の知識は独学でも吸収できるが、自社への応用は難しいものだ。

そのためにHACCPチーム全員で取り掛かる必要があるし、全員で取り組むためには共通した知識が大切である。

HACCPの勉強会を開こう。

衛生管理とHACCPシステムに深い知識を持った人を招いて、勉強会をやろう。

HACCPの導入について従業員に聞いてみると、

「今までのやり方でたまには苦情もあるけれど、別に評判が悪くなったりしていない」

「このままでも問題がない。第一、新しいことなんて面倒臭いだけだよ」

「HACCPを取った会社でも食中毒があったじゃないか。効果ないよ」

と、相当な抵抗がある（と思われる）。

これらの意識を改革しなければ、せっかくやろうとしているHACCPがメチャメチャになる。

ノーベル賞の小柴さんや田中さんも、今やっていることを一度否定す

るところからスタートが始まると教えてくれた。

　従業員全員が一堂に集まっての勉強会ができないなら、まずはHACCPチームから、次に社員、そしてパートと段階的にやろう。

　講師の費用があまりとれないというのなら、社員やパートへはHACCPチームがリーダーとなって勉強会を開いていこう。

せっせ　　　　せっせ

みんなで 勉強会

6 フローチャートの作成

● 途中でイヤになってしまわないために

　1種類だけの食品を製造をしている会社は問題ないが、多くの食品を扱っている会社では、まず1つだけ選んでやってみよう。

　HACCPによる品質管理は、食品ごとに行うためでもあるが、あれもこれもと一度に取り組むと収拾がつかなくなり、下手をすると途中で投げ出しかねない恐れがあるからだ。

　初めてHACCPに挑戦する場合、チーム全員がHACCPについての洞察力も理解力も不足しているのが当たり前である。

　そして、たとえHACCPの承認を得たとしても、それは初期のレベルのシステムであり、運用していく中でシステムも人もどんどん進化していくものなのである。

● どのような食品を選んだらよいか

　まずは苦情が多い食品、あるいは殺菌工程の後に手作業によるカットや盛付などがある食品、または製造工程が複雑で十分に品質管理を行わないと食中毒の危険性が高い食品から選んでみるとよいだろう。

　食品を決めたら、原材料の名称、産地、供給者名、製造者名、製造方法、添加物などの特徴【手順2】について確認する。

　また、すぐにお客様が食べてしまう食品か、賞味期限がある程度ある食品か、主に食べる人は子供か大人か老人か、はたまた男性が主なのか女性なのか、食品の使用方法【手順3】を明らかにする。

● フローチャートを作ってみよう

　次は、フローチャート【手順4】を作成してみよう。

　もちろんHACCPチームが取り組むのだが、何もたたき台がない段階でチームを召集してみても時間の無駄である。

　まず製造工程の全体を把握している人が、会議で検討するためのフローチャートを書いてみる。

　対象とする食品の原材料をすべて拾い出し、それぞれの受入から保管、解凍、下処理、加熱、冷却、盛付、保存など、自社で使われている言葉を用いて工程順に従って書いていく。

　商品が、お客様の手に渡るまで温度管理を必要とする食品なら、自社便、業者便に関わりなく配送についての詳細も書き入れてみよう。

　その際、自社で定めている管理基準、例えば保管温度とか品温や時間、pH値なども分かる範囲で追記する。

　さあ、いよいよHACCPチームの登場だ。

　原材料は……、製造工程は……、管理基準は……と、1つ1つについて漏れがないか、曖昧な点がないか、疑問な点がないかを話し合う。

　ここで注意しなければならないことは、このフローチャートが危害分析の道しるべになるということだ。

　このフローチャートが確実にできていないと、本当に必要とする工程が見落とされてしまい危害分析も中途半端なものになってしまう。

　その結果、せっかく苦労して重要管理点を定め運用したとしても「安全な食品」づくりには、ほど遠いものになってしまう。

7 その他の文書の作成

　フローチャート以外にも【手順4】として、それぞれの工程の作業手順書、施設図面が必要となる。
　「**作業手順書**」とは、製造に関わる約束事と手順が示してあり、誰が行っても、計画通りの食品ができるよう定めた標準書のことである。
　そこには担当部門と担当者、タイムスケジュール、使用する設備や機械、什器備品、管理基準となる温度や時間、pH 値などが5W1Hで誰にでも分かるように記述されていなければならない。

● 理想を追い求めすぎると…

　ところが、この作業手順書を作成する際によく見受けられるのが、「こうあるべきだ」という一部の人の理想論で作成が推し進められてしまうことだ。
　こうした現場（現実）と離れた高望みの手順では、現場が回らなくなってしまう。
　「HACCP を導入するためには、絶対に守るんだ！」と、高望みと理想論を現場に押し付けても、いいのは返事ばかりで実際の現場は以前と何ら変わりがない。
　下手をすると、「こんなこと、やっていられるか！」とばかりに辞めてしまう作業者が出たり、逆に HACCP チームの中からも、自分を受けとめてくれない現場を目の当たりにして、情熱を失ってしまうスタッフが出ることもある。
　これでは何のために HACCP に取り組んでいるのか分からなくなってしまう。

お客様の健康と命、そして経営者を含めた全ての従業員の明日につながる幸せを願って始めたことが、水の泡となる。
　いま行っている手順は、文書化されている・いないに関わらず、それほど間違ってはいないはずだ。
　それは、現に会社が製造を続け、存続していることで証明されている。
　もし間違っているとしたら、苦情や返品が山となり、すでに会社は潰れているはずだ。
　ここで作業手順書を改めて作成しようとするのは、曖昧な箇所があったり、大切な工程での約束事がきちんと定められていないと、危害が発生してしまう恐れがあると考えられるからだ。
　そのため作業手順書は、その作業を十分に理解している人に作成してもらい、また作成された内容を検証できる人に任せたほうがよい。

● 楽しい図面かき

　さて、次に「施設図面」に取り掛かろう。
　工場を建てた時の平面図があればそれを活用し、なければ自分たちで巻尺で測りながらＡ３判くらいの図面を起こす。
　窓や扉の箇所、扉の開き方、トイレなどの記入は、新聞の折り込み広告に入ってくる**マンションや一戸建住宅の間取図を参考**にすると簡単だ。
　これに設備や機械類を施設と同じ縮尺に落としこんで、さらに従業員の動線を記入する。
　この動線は、更衣室やトイレ、休憩室（食堂）などについても必要であり、また汚染区域から準清潔区域、清潔区域への動き、そして空調による空気の流れも書き込む。
　老婆心ながら、人の動線や空気の流れは、施設などを表す色と違う色をそれぞれ使うとよい。
　もちろん色を変えるとともに、実線やら破線やらを駆使するのもいいだろう。

要は、誰が見ても一目で分かるようにすることだ。

次に、フローチャートや作業手順書、施設図面に基づいて、実際の活動と一致しているかどうかを確認【手順５】すること。

この現場確認は、２交替や３交替で製造を行っている会社では、すべての作業者に対して実施することが大切だ。１交替だけで製造している場合でも、作業者が異なるとやり方が違うことがあるので注意する。

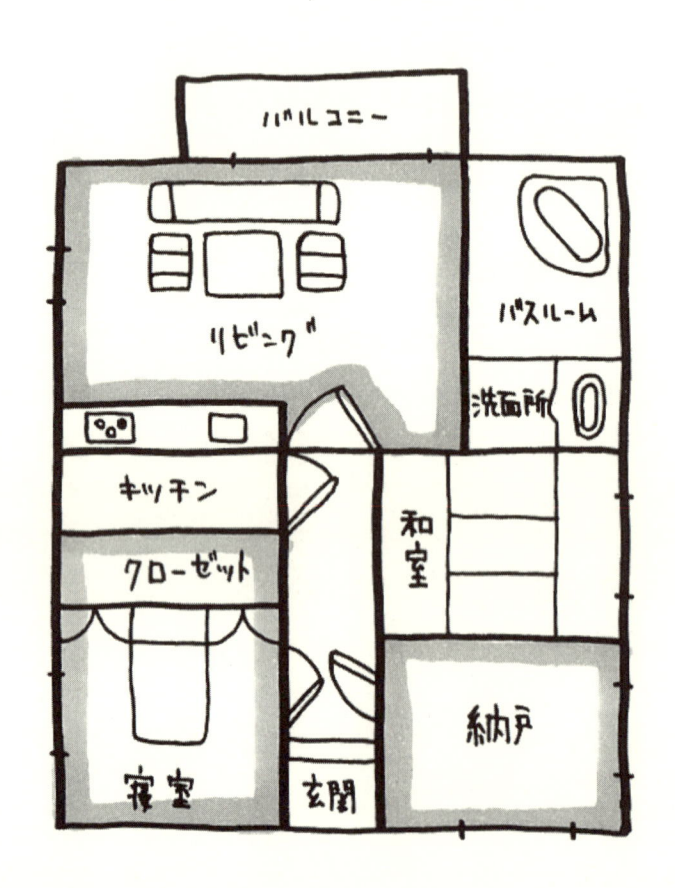

8 危害分析

　危害分析【手順6】【原則1】とは、人に健康被害を与える危害が、原材料や製造工程のどの段階で起こるのか、その危害の原因となる要因は何なのか、そしてその危害を防止するために、どのような措置をとればよいのかを明らかにすることだ。

● 3つの危害要素

　HACCPで定められている危害には、次の3つの要素がある。

1. **生物学的危害**

　　細菌、ウイルス、寄生虫などの感染、あるいはそれらが産生するエンテロトキシンなどの毒素による食中毒被害

2. **化学的危害**

　　河豚毒、貝毒、毒キノコなどの自然毒や食品添加物の不正使用、または農薬や動物用医薬品などの残留、洗剤や機械油などの混入などによる食中毒被害

3. **物理的危害**

　　金属片、ガラス片、硬質プラスチック片などの混入によるケガ

　【手順4】で作成した**フローチャート**や**作業手順書**、**施設図面**を基にHACCPチームがこれらの危害について分析する。

● 魚の骨？

まず最初に「特定要因図（魚の骨）」を利用して、各工程の危害を抽出してみよう。

魚の背骨にあたる大骨の左側に食品を構成している原材料を、一番右側に食品名を入れる。

次に、大骨から伸びている中骨の先端に、フローチャートで表した工程を順番に1つずつ書いていく。

そして中骨から伸びている小骨に、それぞれの中骨に定めた工程で想定される3つの危害について書き込んでいく。

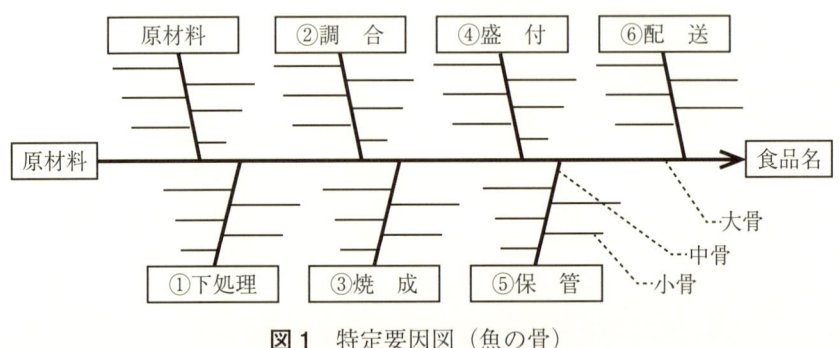

図1　特定要因図（魚の骨）

文章にすると書いている私ですら、何のことやらさっぱり分からない。

参考までに下記に概要を示すが、詳しく知りたい人は特定要因図の本を読むこと。

以上の説明でだいたい分かってもらえただろうか。

大骨は1本だが、食品や製造工程の違い、そして危害の数により、中骨と小骨の本数が変わっていく。

また、この作業を HACCP チームで取り組む際は、B判全紙や白板などを使ってチーム全員が見えるようにして検討すると、偏りや抜けがなくなる。

なお、どの程度の危害まで明らかにするかについては、初めて取り組む場合には、考えられる全ての危害に対して行うとよいだろう。

　HACCPのいいとこ取りをする場合は、前記の３つの危害に**心理的危害**を加えるとよい。
　対象は、毛髪やビニール片などお客様が不快になる異物である。
　ほとんどの会社で一番悩んでいる問題は、何と言ってもこれらの類に相違ない。
　これについても危害分析の手法を使って、改善に取り組んでみるとよい。

9 危害評価表の作成

　特定要因図（魚の骨）ができたら、次に「**危害評価表**」を作成する。

　これには、今までに寄せられた苦情や自主細菌検査だけでなく、他社の同じような食品に、過去にどのような危害があったのか、原因は何だったのか、その危害を防止するためにどのような措置が取られたのか、などの情報やデータが必要となる。

　これらのデータは、厚生労働省の刊行物や市販されている本にも載っているが、管轄の保健所に相談するのが一番確かである。

● 食品衛生監視員を有効利用する

　また、コンサルタントに依頼するのも悪くはないが、直近のデータや生きた情報については食品衛生監視員が優れている。

　情報通の食品衛生監視員を、HACCPチームのアドバイザーとしてぜひ迎え入れたい。

　何故か食品会社の多くは食品衛生監視員というと、会社の粗探しをされるのではないかと敬遠している向きがあるが、それは大きな間違いである。

　少しでも「安全な食品」づくりをしてほしいと願って第一線で活動しているのが、食品衛生監視員であり、HACCPに関することでなくても、その他の分からない点や疑問など、どしどし相談して、普段から良好な関係を築いておくべきだ。

● 評価表ができたら

　では、危害を評価してみよう。

製造工程	想定危害	危害原因	発生率・影響	防止措置
【原材料】卵・調味液	食中毒菌の汚染 食中毒菌の増殖	生産者の取扱不良 流通温度不良	小　大 小　大	鮮度基準の設定 流通温度の管理
【下処理】	食中毒菌の汚染 食中毒菌の増殖	作業者の取扱不良 作業者のケガ・傷 作業環境の衛生不良 什器備品の衛生不良 原材料の室温放置	中　大 中　大 小　大 中　大 小　大	作業手順書の履行 作業者の手指管理 環境の殺菌洗浄 什器備品の殺菌洗浄 作業時間の管理
【調合】	食中毒菌の汚染 食中毒菌の増殖 添加物の過小	作業者の取扱不良 作業環境の衛生不良 什器備品の衛生不良 原材料の室温放置 作業者による計算	中　大 小　大 中　大 小　大	作業手順書の履行 環境の殺菌洗浄 什器備品の殺菌洗浄 作業計
【焼成】				

図2　危害評価表

　特定要因図で明らかにした工程に従って、集めたデータや情報も織り込みながら、想定される危害、その原因と防止措置をHACCPチームで協議してみる。

　この時、その危害がどの程度の率で発生するのか、発生したとしたら消費者に与える被害はどの程度になるかも話し合う。

　この「危害評価表」は、最終的に作成する「HACCP総括表」の一部と重複するから「要らない」という人もいるが、危害分析の漏れをなくすために必ず作成したほうがよい。

　この「危害評価表」も特定要因図と同じようにB判全紙や白板を使い、チームの誰からも見えるようにして作成する。

10　重要管理点(CCP：Critical Control Point)の設定　1

● 2通りの管理

　衛生管理には、一般的衛生管理プログラムの段階で管理することと、HACCPでの重要管理点【手順7】【原則2】として管理しなくてはならないことの2通りがある。
　先程行った危害の評価には、この一般的衛生管理プログラムと、重要管理点のいずれもが含まれているため、ここではそれぞれを区別しなければならない。
　例えば施設や設備、什器備品、作業環境などが衛生的に管理されているか、作業者の衛生に関する知識と技術が十分に教育訓練されているか、監視測定での目視や、油の酸化度チェックなどといったことは、一般的衛生管理プログラムで行う。
　つまり、『弁当と総菜の衛生規範』などのマニュアルに示されている管理点、あるいは生物学的、化学的、物理的に分析しなくても見当がつく常識的な危害については、一般的衛生管理プログラムとする。

● デシジョンツリーって何？

　コーデックス委員会（FAO/WHOに設置された合同食品規格委員会）が提案しているデシジョンツリー（重要管理点設定のための判断樹）によって重要管理点でないと判断された管理点も、一般的衛生管理プログラムで行うものとなる。
　では、デシジョンツリーとはどのようなものか。
　図3がデシジョンツリーといわれている図であるが、カット野菜や屠

```
        ┌─────────┐
        │ スタート │
        └────┬────┘
             ↓
┌──────────────────────┐      ┌──────────────────────┐
│ 確認された危害に対する防止 │←─────│ 製造工程、または製造方法の │
│ 措置はあるか           │      │ 変更が必要である        │
└──────┬───────────────┘      └──────────▲───────────┘
       ┊                                 ┊
       ┊      ┌──────────────┐           ┊
       └─────→│ 危害を防止するために│──────────┘
              │ ここでの対策が必要か│ ┄┄┄┄┄┄┄┐
              └──────────────┘           ↓
                                   ┌──────────────┐
                                   │  CCPではない   │
                                   └──────▲───────┘
                                          ┊
┌──────────────────┐      ┌──────────────────────┐
│ この工程は危害防止のために │┄┄┄┄→│ 危害とされた食中毒菌などの │
│ 特に設けられたものか    │      │ 危害物質は、今後限度を越え │
└──────┬───────────┘      │ て増加するか           │
       ↓                  └──────┬───────────────┘
                                 ↓
┌──────────────┐          ┌──────────────────────┐
│    CCP       │←┄┄┄┄┄┄┄┄│ 確認された危害原因物質を、 │
│   である      │          │ 除去または許される範囲まで │
└──────────────┘          │ 減少させる工程が、これ以降 │
                          │ にあるか              │
                          └──────────────────────┘
```

───▶ ＝ YES　　┄┄▶ ＝ NO

図3　デシジョンツリー

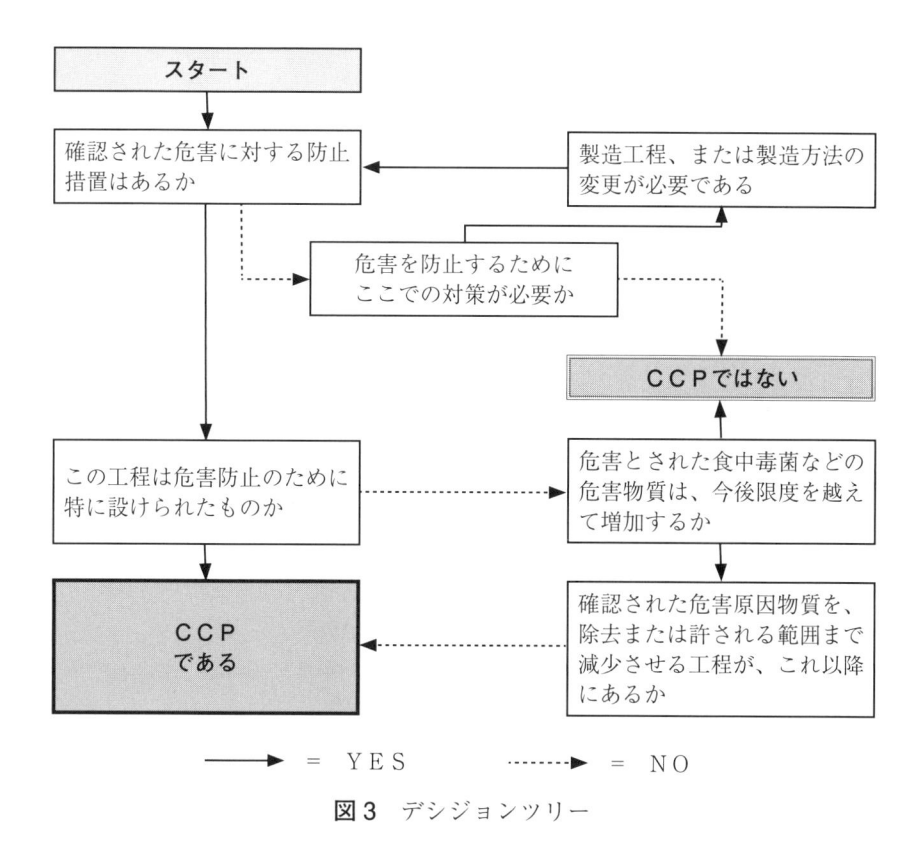

畜場などの1次産品の処理会社では、例えば加工食品のような加熱殺菌によって特定の危害を除去したり、少なくしたりする工程がないために使いにくいものだ。

また、デシジョンツリーを十分に使って重要管理点を設定するためには、YESかNOかを判断する際に専門的な知識と訓練が必要となるため、デシジョンツリーは1つの目安として利用するに留めることが肝要である。

コーデックス委員会でもデシジョンツリーによる判断は、あくまでも参考であることを明言している。

11 重要管理点(CCP:Critical Control Point)の設定 2

● 重要管理点はどのように設定したらいいのか

　これは、あくまで1つの考え方であるが、食中毒菌に対する重要管理点の設定について述べてみよう。

　食中毒菌への対策は、
1. **食中毒菌を付けない**
2. **食中毒菌を増やさない**
3. **食中毒菌を生かさない**

の3点から行う。

　食品の製造においては、あらゆる工程でこの3点のいずれか、時として2点、3点の複合的観点からの対策をとらなければならない。

　原材料や仕掛品、あるいは製品に食中毒菌を付ける・増やす・生かしてしまう場面を、それぞれの1つ1つの作業工程から見直してみる。

　まず、工場周辺・施設・空調・排水などの作業環境から、また原材料・仕掛品・半製品・製品の保管状態や取り扱い、あるいは生産機器や什器備品、交差汚染や人からの2次汚染の可能性などといったことがないかどうかを丹念に検証する。

　その結果、管理しなければならない点が様々に浮かび上がってくるはずである。

　例えば手洗い、ユニフォーム、食材の保管温度管理、水濡れや水たまり、食材残渣、生産機械や什器備品の殺菌消毒など、絶対に管理しなければ食中毒発生となる恐れのある点が随所にある。

　しかし、食中毒菌を付けない・増やさないという対策は、あまりにも

当たり前のことばかりであり、わざわざ重要管理点として設定することはない。

もちろん、それを「当社では重要管理点とする」と決定しても構わないが、あまり不必要なものを設定すると管理が分散してしまい、本当に必要な管理が確実に行えなくなる恐れがある。

前項にも書いたように、食品を製造するために最低限守らなくてはならない約束事は、HACCPでいうところの重要管理点ではなく一般的衛生管理の段階で対処するものである。

● 重要管理点の重要なポイント

では、重要管理点とは、一体何を指すのだろうか。

食中毒菌を付けない・増やさないということも大切であるが、**最も重要なのは食中毒菌を生かさない**ことである。

もともと原材料には食中毒菌が付いている可能性があり、また、製造工程においてさらに食中毒菌を付けたり増やしてしまうこともある。

そのために加熱をして食中毒菌を除去したり、許容範囲まで菌数を減少させるのである。

この加熱工程は、食品に特徴を付したり、美味しくするために設けられた作業であるが、食中毒菌対策としても、特に菌を「やっつける」という積極的な安全性のために設けられた危害防止策と考えるべきだ。

「どうもピンと来ない」という人は、レトルト食品を思い浮かべてみるとよい。

レトルト食品では、製造工程の一番最後にレトルト釜で加熱・加圧して食中毒菌を退治している。

この"**退治する、やっつける**"ところが、**重要管理点**になる。

つまり、自社の製造工程から"どこを重点的に管理したら、食中毒の危害がなくなるのか"を選び出すことがポイントだ。

食中毒菌には、セレウス菌やウエルシュ菌のように耐熱性の芽胞を形

成したり、黄色ブドウ球菌やボツリヌス菌のように毒素を産生するものもあり、加熱だけで安全とすることができないものもある。

　これらの措置については、どのような原材料を購買し、どう保存するか、洗浄はどのようにするのか、あるいは加熱後の冷却のやり方はどのようにするかなど、重要管理点とはまた違う退治方法がある。

　これについては、別の機会に話を譲ることにする。

いろいろな菌

12 管理基準

● 管理基準＝判断の物差し

　「管理基準」というと難しく思われがちだが、会社を運営していくための、何らかの管理基準がすでにあるはずだ。

　例えば「月次決算書」の各項目の数値も判断の物差しである。

　総売上高がいくらで原価はどのくらいかかったのか、在庫量は、販売管理費はなどと、儲かっているのかいないのかが数字で表されている。

　それを見て、今のままの経営を続けていても構わないのか、それとも抜本的な改革をしなければ近いうちに倒産してしまうのか、経営陣は判断の資料として活用している。

　こうした判断基準を重要管理点に設けたものが、管理基準【手順8】【原則3】である。

　管理基準には、温度・時間・pH・糖度などの数値に裏付けられた科学的指標と、色合い・香り・粘度・音などの、主に見た目の商品価値を決める官能的指標がある。

　科学的指標と官能的指標は表裏一体をなすものであって、ただ単に科学的指標だけで管理基準を定めると、測定機器の故障が発生したときにミスを犯しやすくなる。

　これに官能的指標をプラスすると、いちいち機器による測定を待つまでもなく、人の五感によって管理が不適切な状況であることを知ることができ、すぐに改善措置がとれ、管理基準から逸脱した製品が出荷されないようにすることができる。

● コロッケにおける管理基準の例

　具体例として、冷凍食品のコロッケの管理基準を考えてみよう。

　コロッケの**中芯温度**が75℃になる加熱温度と、1分以上の加熱時間で食中毒菌が死滅することがデータで証明されたとすると、これを科学的に立証された重要管理点の管理基準とする。

　もちろん、75℃で1分以上経過した時のコロッケの中芯温度が、何度に達しているのかもデータをとって、例えば85℃と裏付けられたら、それを管理基準にするのも構わない。

　もう1つの管理基準としての官能的な指標は、科学的管理基準に達した際に、コロッケが油の表面に浮き上がり、油の細かな泡立ちと爽やかに弾ける音、そして食欲を誘うキツネ色・香りといった、作業者がその場で判断できるものを基準とする。

　ここで注意してほしいのは、官能的指標がクリアされていれば、科学的管理基準も十分に満たしているという切り口は、誤りであるということ。

　それは官能に関わる判断が、例え実際の現場の見やすい場所に、写真やイラストなどで合格域が分かるように表示してあったとしても、作業者によりブレる危険性が高く、科学的管理基準を満たしていないことが十分考えられるからである。

　ひょっとすると食中毒菌が死滅していないケースもあるかもしれない。

　あくまでも官能的指標は、科学的根拠に基づいた管理基準を補完するものという位置付けと、美味しそうな色合いや香りなどといった商品価値があるかどうかの判定に使うものだ。

　逆に、科学的管理基準を満たしているからといって、黒焦げになったり、やけに色の白っぽいコロッケでは、お客様の食欲を刺激することはできない。

　ここで言う管理基準の設定は、重要管理点についての管理が適切に行

われているかどうかを判断するためのものだが、一方で、商品としての販売に関わる品質も十分考慮すべきだ。

　見てくれのよい商品だけを追求するのは言語道断だが、それを全く問わない管理基準も、経営を危うくしかねない。

コロッケ

13 モニタリング

● モニタリングは多ければ、多いほど◎

　管理基準が正しく守られているかどうかを確認するためには、定期的に測定したり、観察したりして、その結果を記録しなければならない。
　こういった活動を、モニタリング【手順9】【原則4】という。
　どのようにモニターするのかは定めた管理基準に合った方法となるが、注意することはできるだけモニター回数を多くすることだ。
　例えば、ジェットオーブンで焼成する紅鮭で考えてみよう。
　ジェットオーブンは、トンネル状になった筒の中で、材料をコンベアで搬送しながら熱風で焼き上げる調理機械である。
　この機械は、焼くときに立ちのぼる油煙によって熱風の吹き出し口が目詰まりしやすい。
　焼成する回数が多ければ、1週間と経たずに油の氷柱（つらら）が吹き出し口から垂れ下がる。

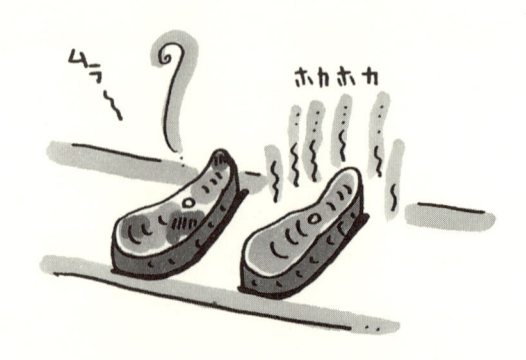

よくやけた鮭と焼きムラのある鮭

こうなるとすべての紅鮭に熱風が均等に行きわたりにくくなる。

その結果、工程の最初と中頃と最後の紅鮭、あるいはコンベアの右端と真ん中と左端のものでは、それぞれ焼き上がり状態に差異が生じる。

昔、「10年前から正確に動いていた機械でも、つい気を許すと知らないうちに壊れ始めている」と、ドイツの技術者に教えてもらったことがあるが、機械の調子を常に把握しておくためにもモニタリングの回数を多くすることだ。

● 「美しい記録」は怪しい？

測定したら記録する。

これは鉄則である。

記録がなければ、いざ何かの問題が起きたときに自分たちが「安全な食品」づくりのための管理基準を守っていたという証明ができない。

そして、記録の検証にもコツがある。

1つは、あまりに綺麗な記録ではいけない。

「記録を汚すな」と余計な知識を叩き込まれたために、別の紙に記録しておいて事務所や休憩室で転記しているのを、いろいろな会社で時折目にするが、記録は、その測定した場所で記入しなければ、記録として認められない。

記録が判読できないほど汚いのも問題だが、現場で記録する以上、汚れが付いたり雑な字になったりするのは仕方のないことであり、あまりにも綺麗な記録はかえって意図的な作為があると判断される。

作業しながら、あるいは記録を貼っている画板を持ちながら記録するのだから、どこかしら字が踊ってしまうのが普通である。

また、記録の中で異常が示されているにも関わらず、経営者に至るまで何のコメントも措置もなく、各階層のハンコが押されていることがある。

これでは、せっかく記録をとっていても何も意味がない。

ハンコを押すことが仕事だと信じている役職者など、解任だ。

「異常」に関心を示さない奴なんぞ「いらない」と断言しても構わない。

「異常」に無頓着な役職者がいる会社の経営者は、HACCPの仕組みを構築するよりも、それぞれの部門や階層の気持ちが萎えることを防止したり、やる気を起こさせたりすることに精力を注ぎ込んだほうがよっぽど金儲けにつながるってもんだ。

もう1つは、管理基準値を逸脱したときである。

予め、逸脱した際の措置の手順を定めておいて、基準値に合格するよう手直ししたとか、他の製品に転用したとか、廃棄したとかの活動を記録しておくことが大切である。

	温度管理手順／記録		承認 / /	確認 / /	作成 / /	承認 / /	作成 / /
関 連	生産責任者、仕上責任者						
改訂要旨：							
目 的	入庫した野菜の鮮度保持、カット野菜（製品）の鮮度保持						
基 準	冷蔵庫No.1・No.2の基準温度は、5℃±2℃とする。						
手 順	①1日2回、生産責任者は冷蔵庫No.1を、仕上責任者は冷蔵庫No.2を測定（11：00・16：00）し、記録する。 ②基準温度から逸脱した場合は、当該冷蔵庫のドアに再測定中/使用禁止と貼り紙を貼付し、15分経過して再測定及び記録する。 なお、基準温度内に達しない場合は、事業所長、あるいは副所長経由にてメーカーに修理させる。						

	月度	11：00			16：00		
		測 定	再測定	処 置	測 定	再測定	処 置
01日	曜日	℃	℃				
02日	曜日	℃	℃				
03日	曜日	℃	℃				
04日	曜日	℃	℃				
05日	曜日	℃	℃				
06日	曜日	℃	℃				
07日	曜日	℃	℃				
08日	曜日	℃	℃				
09日	曜日	℃	℃				
10日	曜日	℃	℃				
11日	曜日	℃	℃				
12日	曜日						

14 改善措置

　モニタリングした結果、管理基準を逸脱した場合の改善措置【手順10】【原則5】を、予め定めておく必要がある。
　1つには、何故管理基準から逸脱したのか原因を解明し、定めた管理基準に適合するように戻す方法を定める。
　2つめに、管理基準を逸脱した仕掛品や半製品、製品をどのように取り扱うのかを決める。
　3つめに、管理基準の逸脱が、構築したHACCPプランそのものに原因がないかどうか検討し、必要な場合には、危害分析や管理基準、モニタリング方法をより「安全な食品」づくりに貢献できるよう改善することである。
　実施された改善措置は記録する。
　逸脱製品名、数量、発生日時、逸脱した内容、逸脱製品の処遇、原因と対策、再測定の結果、改善措置の実施者、HACCPプランの改善の必要性の有無など、それぞれの会社で定めた書式に記録する。
　次頁に図4として改善措置の流れを示した。

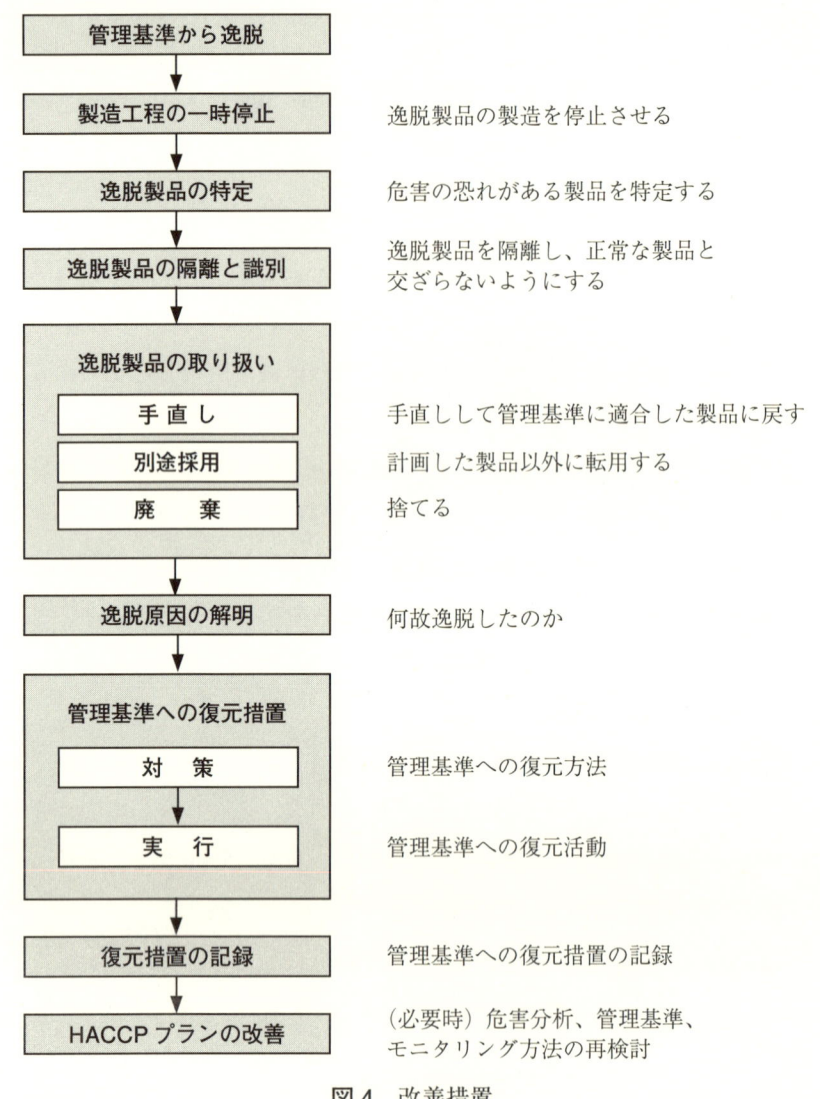

```
管理基準から逸脱
    ↓
製造工程の一時停止         逸脱製品の製造を停止させる
    ↓
逸脱製品の特定            危害の恐れがある製品を特定する
    ↓
逸脱製品の隔離と識別        逸脱製品を隔離し、正常な製品と
                        交ざらないようにする
    ↓
逸脱製品の取り扱い
  ┌─────────┐
  │  手 直 し   │         手直しして管理基準に適合した製品に戻す
  ├─────────┤
  │  別途採用   │         計画した製品以外に転用する
  ├─────────┤
  │  廃   棄   │         捨てる
  └─────────┘
    ↓
逸脱原因の解明            何故逸脱したのか
    ↓
管理基準への復元措置
  ┌─────────┐
  │  対   策   │         管理基準への復元方法
  ├─────────┤
  │  実   行   │         管理基準への復元活動
  └─────────┘
    ↓
復元措置の記録            管理基準への復元措置の記録
    ↓
HACCP プランの改善        （必要時）危害分析、管理基準、
                        モニタリング方法の再検討
```

図4　改善措置

15　検証の手続き

● 「検証」における日本人気質

　検証する─昔から私たち日本人に共通する弱点が、この検証活動である。

　例えば、部下がミスをして「申し訳ありません、今後注意致します」と素直に頭を下げられると「よし分かった、頑張ってくれ」などと、江戸っ子でもないのに気っ風の良いところを見せる。

　ガミガミと怒鳴り散らしたり、ネチネチと締め上げたりすることは、"良い上司ではない"と上司も部下も錯覚している。

　また、各工程の作業者が一生懸命行った内容が「間違っているのではないか」なんて、(警察官でもあるまいし人を疑うことはよくない…)とばかりに、波風立てずにすませてしまう土壌もある。

　そのためか…と、断定するのは早計だが、やはりみんな良い子でいたいという傾向があることは否めまい。

● 世界屈指のメーカーと貴社の違い

　問題が起きているのかどうか、検証の頻度と担当者を決めてきちんと見直しをする。

　そして問題が起きているなら、なぜ・どうして発生したのか、その問題のプロセスを分解し、どこに原因が潜んでいたのか、原因の改善のための対策と効果的な活動を示し、適切な期間を経て、同じ問題が再発していないか確認する。

　あるいは、問題は発生していないけれども、もっと能率よく仕事ができるやり方がないか、もっと確実に「安全な食品」づくりが行えないか、という検証も大切である。

　皆さんもご存じのように『トヨタ自動車』が世界屈指のメーカーになった原動力は、「**看板方式**」と「**改善**」である。

　「**看板方式**」とは、**必要とされるモノを必要な所に、必要な数だけ準備する**ことであるが、HACCPプランを作成するうえでとても参考になる考え方である。

　また、「改善」は、あらゆる部門での徹底した**ムダ取り**のことだ。

　大野耐一という天才1人だけでなく、すべての従業員が、ムダ取りのためにはどのようにしたらいいかいつも考え、その考えを具現化することで、良いか・悪いか、効果があったか・なかったかを検証する。

　その結果、素晴らしいと判断されてもさらに上を目指し組織一体となって取り組む。

　『トヨタ自動車』は、皆さんとここが違う。

● 証拠を集めよう

　検証【手順11】【原則6】は、1つにはモニタリングを含めてHACCPプランに定めた活動がその通りに行われているか、あるいはHACCPプランを改善する必要性があるか判断することである。

もう1つは、構築したHACCPプランが効果的で有効であることを証明する証拠を集めることでもある。
　具体的な検証は、次のように行う。

1．検証の頻度と検証者を決める
2．HACCPプランに定めた手順通りの作業が行われているか確認する
3．HACCPプランで定めた計画や指示、部門と階層の責任と権限が、日々の活動と適合しているか確認する
4．HACCPプランで設定した重要管理点が正しいかどうか、また管理基準値が適切かどうか確認する
5．モニタリングに使う監視測定機器の保守管理が適切か確認する
6．顧客や消費者からの苦情や現場からのインシデントレポート（ヒヤリ・ハット報告）などの記録が保管され、分析され、HACCPプランの改善判断に活用されているか確認する
7．検証結果に基づく措置を実施する
8．検証の結果は、確実に記録する

16　文書と記録の保存　1

● 口で伝えること・文章にすること

　HACCPに関わる文書と記録【手順12】【原則7】は、必ず保存する。それは、文書が、情報を伝えるのに一番優れた方法だからである。

　「伝言ゲーム」という遊びがあるが、5人なり7人なりが順番に予め決められた文章を伝言していき、その伝言の正確さを競う遊びだが、たいてい最後の人の伝言は最初の文章とは違うものになっている。

　どんな簡単な文章であっても口で伝えると、トンチンカンな話になってしまう間抜けさを楽しむゲームであるが、文字に記されていると、こんな愉快な事態にはならない。

　文書になっていると、誰にでも、ほぼ正確に伝わるものだ。

　たまに抽象的な総論としての文章だったり、何を言いたいのかさっぱり分からない文章もあるが、工場の約束事に関わる文書に、さらにイラストや写真が添えてあったりすると、文章に稚拙な箇所があろうとだいたい分かるものだ。

　また記録は、自分たちの活動の証明となる。

　HACCPプランに従って定められた活動や、重要管理点として定められた管理を、いかに守って製造しているのかを第三者＝記録が保証してくれる。

　万が一、安全性に関わる苦情や食中毒が発生したとしても、製造を追跡調査することができる。

　それに、製品の回収が必要な時には、回収すべき製品の範囲を限定する手助けともなる。

しかし、記録の異常を見抜く力を上司である確認者が持っていなければ話にならない。

● 某会社の食用油の酸化度記録

その会社では、ロットごと・アイテムごとに酸化度の数値を試験紙で測定、記録し、2.5以上の数値が示されると油を交換するという約束になっていた。

この酸化度記録は、測定者はもちろんのこと作業終了後に品質管理部門の責任者が確認の捺印を押し、1週間の記録をまとめて工場長が最終確認するように定めてあった。

この酸化度記録を1カ月にわたって追跡調査したところ、何と、品質管理部門の責任者のハンコが20日間連続して押されていたのである。

こんな不可思議な記録があるだろうか。

調べてみると、品質管理部門の責任者が休みの日は、誰かが代わりに責任者の印を押していたことが判明した。

知らないふりをして工場長に「品質管理の責任者を20日間も連続勤務させて大丈夫なのか？」と問いただすと、「忙しかったから、無理をさせた」と嘘をつく。

1つの嘘が、次々と嘘を呼び込む…

● ハンコさえ押しておけば、の落とし穴

これでは、「記録をとっているから大丈夫」と胸を張って言うことはできない。

管理基準に定められた数値を書いていればとか、ともかくハンコを押しておけば記録として認められるだろう…なんてことは絶対にない。

重要管理点を運用していく中で、定めた手順に無理があることが分かったら、食品衛生監視員と相談のうえ、その手順を改訂すれば構わないのである。

せっかく正しく記録されていたとしても、どこかに無理があると、いずれ綻びが出てきてしまうものだ。
　有名乳業メーカーの食中毒事件、大手食肉製品メーカーの詐欺事件…、誰もが知っている嘘の連鎖の結末を、自分たちにも起こりうる問題として捉えることだ。
　しかし、全国の会社の「記録」を拝見させてもらうと、先のような事例がいかに多いことか…
　"情けない"、の一言だ。
　記録はその場でとることが大切であり、もしも管理基準から逸脱した時には、どのような措置をとったかを記録することで、「安全な食品」づくりを証明できることが一番重要だ。

ハンコが押される記録簿

ポンポンポン…

17 文書と記録の保存 2

文書化すべきものには、次のものがある。
1. 一般的衛生管理に関わる約束事
2. フローチャート
3. 作業手順書
4. 施設図面
    作業動線
    原材料、仕掛品、半製品、製品の経路
    空気の流れ
5. 危害分析の過程
    特定要因図
    危害評価表
    重要管理点決定の際の討議内容
    管理基準値の根拠となる資料
    デシジョンツリー検討
6. HACCP 管理表（HACCP プラン）
7. 記　　録
8. 改善措置の具体的内容
9. 検証の具体的内容
10. HACCP に関わる文書の管理規定

記録する際の注意点には、次のものがある。
1. 記録の担当者とその記録の確認者を決める
2. 筆記用具はボールペンとする

　　　　鉛筆やシャープペンシルは、消しゴムで簡単に訂正できるため信用性を欠く

　　　　また、芯が折れやすく、異物混入の原因となるため使用禁止とする

3．訂正は横2本線とし、訂正者の氏名と訂正月日、そして正しい記録を訂正箇所の上の空白に記入する

　　　　訂正箇所が誰にでも分かるように朱色のボールペンを使うのも良い

4．記録は、測定した場所で測定直後に行う

　　　　別の紙に記載したり、記憶によって後で書き込むのは認められない

5．記録の確認者は記録の不備を発見した場合、定められた措置を実施させ、その内容も記録のうえ保存する

6．記録の保存は賞味期限以上、あるいは最低1年以上とする

7．記録の保存責任者を決める

　　　　HACCPシステムの変更により書式が改訂された場合は、変更年月日、改訂者、改訂要旨を明記する

18 HACCP総括表の作成

　HACCPプランが誰にでも分かるように、HACCP総括表を作成する。

　それはHACCPプランの運用には、HACCPチームはもちろんのこと、その他の人々も参画するからだ。

　ここまでHACCPチームは、悩んだり、励まし合ったり、自ら勉強に励んだりと、苦労した分だけHACCPプランの重要性や管理方法についてよく分かっているはずだ。

● 理解を得ていないと誤解を招く

　ところがチーム以外の人々は、時折勉強会に参加していただけで、多分、他人事みたいに感じているものと思う。

　ある会社のチームスタッフAさんは、HACCPプランをいざ実施しようとした際、こうした我関せずの雰囲気を払拭するために、事あるごとに部下に報告と相談を繰り返していた。

　時には、確かめなくても大丈夫な事まで「君の考え方を話してくれないか？」と、部下に尋ねたりもした。

　こうしてAさんは「ウチの部門は、無理なく実施できるだろう」と自信を持って運用に臨んだが、期待は見事に裏切られた。

　経営者は彼のあまりの落ち込みに驚き、たまたまセミナーで面識があった私に「何が悪かったのだろうか？」と尋ねてきた。

　話を聞くかぎりでは特にどこにも問題がないように感じたが、なにせその会社を私は見たこともなく、普段の社内の雰囲気すら知らなかったために、その時は適切なアドバイスができなかった。

　その後、人づてに聞いた話では、その会社は数年前から業績が思わし

くなく、HACCPをきっかけにして再構築を図ろうと考えたが、従業員たちは「HACCPを理由にリストラされる」と誤解したらしい。

新しいシステムを導入する際は、何故やるのか、やった結果どのような未来があるのか、従業員へのメリットとデメリットは何かなどについて、十分に話し合うことが大切である。

やみくもに自分たちだけで突っ走ってしまうと、この会社のようなことになりかねない。

HACCP総括表は、従業員を含めた会社全体への理解を深めるために作成する。

内容は、次のような項目を含む。

1. 製造工程
2. 危　　害
3. 防止措置
4. 重要管理点
5. 管理基準
6. モニタリング（方法・頻度・担当者）
7. 改善措置
8. 検証方法

手順書や記録などの、関連文書を添付するのも分かりやすくてよいだろう。

もちろん、重要管理点だけを記載するのではなく、それに付随したそれぞれの工程の必要事項も書き表しておく。

重要管理点以外は、一般的衛生管理事項でしっかりと行う。

作成できたら、発効する前に適切かどうかを確認する。

19　HACCPプランの運用とレビュー

● さあ、運用開始だ！

　HACCPプランの運用とは、その手順が確立され、必要なものは文書化され、実際にHACCPプランに従って従業員が活動し、維持されている状態を意味する。

　そのためにも、従業員への事前の教育訓練は十分に行われていることが必要だ。

　何も教えられていないのに、きちんとやれる訳がない。

　また、いちいち手順書を確認しながら作業をするようでは能率が悪く、危害が潜んでいる製品が出荷されてしまう恐れがある。

　また、運用開始日には、経営者自ら「HACCPの運用」を公言する。

　HACCPプランの構築の際にも経営者の考えを宣言したが、再度、「お客様のためと全ての従業員の幸せのためにHACCPを導入した」ことと、その実現のために「みんなの協力が必要である」ことを要請する。

　心の底から、自分の言葉で話す。

　次に経営者は、HACCPプラン運用後は、できる限り時間を割いて工場を訪れ、よくやっている従業員は誉めてやり、上手くいかずクサっている従業員は激励してやる。

　従業員であれば、誰しも経営者に誉めてもらいたいものだ。

　「俺は、どうでもいいんだ」なんて思っている従業員は、1人もいないようにする。

　工場の中は全ての施設を訪れる。

● 勝敗は経営者にあり

　HACCPプランの成果は、ひとえに経営者の真剣さにかかっている。

　HACCPチームの報告だけを鵜呑みにしているようでは、どうしようもない。

　自ら進んでどのような状態になっているのか、自分の目で確認する。お膳立てされたもので満足しているようでは情けない。

　トイレから更衣室、食堂、事務所、会議室、冷蔵庫と冷凍庫、常温庫、各作業室と、全てをチェックする（ひょっとすると隠し部屋があり、経営者に見られるとマズいものが突っ込まれているのを発見するかもしれない）。

　こうして経営者は従業員と一緒になって、さらなるHACCPプランの向上を目指す。

● 見直しは必要不可欠

　構築したときには気付かなかったHACCPプランの欠陥が、HACCPプランの運用とともに成長していく従業員によって発見されることがある。

　月日の経過とともに省略していく手順や製造方法もあるだろう。

　また、一時代前には想像もしなかった消費者の意識変革によって、新たな危害が設定されることもあるだろう。

　こうした、製品を取り巻く様々な状況に対応するため、また下記のような場合が出てきた際には、レビュー（見直し）をする。

1. 検証した結果、HACCPプランの問題点やその可能性が発見された場合
2. 自社製品だけでなく、他社の類似する製品に新たな危害が発生した場合
3. 同じような品質に関わる苦情が、複数報告された場合

4．原材料、工程、製造機器などの変更により、製品に危害を与えることが想定された場合
5．製品の安全性に関する新たな情報やデータが得られた場合
6．適用される法規制が新たになった場合
7．消費者からの新たな危害の申し立てがあった場合

なお、特に問題がなくても、さらに優れたプランにするために最低1年に1回はHACCPプランを見直すようにすると安心だ。

20　HACCPの申請及び審査、承認と承認後

● 貴社に及ぼす HACCP 効果

　もしも貴方の会社で製造している食品がHACCP申請の対象となるのなら、厚生労働大臣に申請することができる。
　もちろん承認を得る・得ないはそれぞれの会社に任されているが、HACCPが承認されるということは、計り知れない力を会社にもたらす。
　「安全な食品」が提供されるという安心感を消費者に与えるのは言うまでもないが、それ以上に従業員の意識と行動がガラッと変わっていく。
　今までは、自分のやりたい仕事はこんなのではなく、きれいなオフィスでバリッとしたスーツを着込み、金融の最前線でバリバリと活躍するんだとか、研究室で最先端のバイオ開発をしたい、あるいはいずれは偉大な小説家になるのだなどと、子供の頃に憧れた仕事を夢見ながら当面のお金を稼ぐためだけに仕方なく働いていたような人が、こんなにも成長するのかと驚くほど変化する。
　とくに製造現場の若者に、こうした変化が著しい。
　どうしたらもっと「安全な食品」づくりができるのか、自分はどのようなことを行えば会社に貢献できるのか、真剣に考え始める。
　この姿勢が、会社に強大な力を与える。

● 審査は手厳しい？──心配、ご無用

　HACCPの審査は、申請した会社を管轄する保健所の食品衛生監視員と、地方労働厚生局の食品衛生担当官によって、一般的衛生管理プログラムが維持されているかどうか、HACCPプランがしっかりと構築され、

問題となる欠陥がないかどうかについて現地調査が実施される。

　これが第一次審査であり、第二次審査として外部の専門家による評価委員会が行われる。

　すべての審査が無事終了し、「安全な食品」づくりが行われていると判定されると、待ちに待った承認が厚生労働大臣から発効される。

　HACCPの承認後は、厚生労働省の担当官と食品衛生監視員が外部検証に訪れる。

　外部検証は、HACCPチームの衛生管理に対する考え方を通して、施設や設備が適切かどうか、手順と実際の作業に整合性があるか、モニタリングは確実に記録されているか、改善措置については再発しないような活動が行われているか、従業員の能力が必要とされているレベルまで教育訓練されているか、また承認されたHACCPプランが食品衛生監視員に未報告のまま変更されていないかなど、HACCP全体についてチェックされる。

　相当に厳しい検証であるが、定められたHACCPプランを無視した製造や、勝手にHACCPプランを変更してしまったというようなことがない限り、そんなに心配しなくていい。

　外部検証は、承認後の活動に対する監視という側面もあるが、アドバイスを受ける絶好の機会でもある。

　また、食品衛生監視員には、普段からHACCPプランの変更だけでなく、様々な悩み事や相談を持ちかけるべきだ。

　「9　危害評価表の作成」の項でも述べたように、食品衛生監視員は、「安全な食品」づくりを心の底から願っている食品の専門家なのである。

　HACCPの申請時には、一般的衛生管理手順、製品説明書、フローチャート、作業手順書、施設図面、HACCPプランを含めたHACCP総括表と検証に関わる文書が必要となる。

　HACCPについては、平成8年9月30日に通知された「総合衛生管

理製造過程承認制度実施要領」に詳しく載っているから見てみてください。

バイオ実験

作家生活に
憧れる.

こうして進める

品質マネジメントシステム

~ ISO 9001: 2000 ~

1 ISO 9001：2000の3つの誤解

　品質マネジメントシステム（QMS：Quality management system — ISO 9001：2000）については、3つの大きな誤解がある。
　1つめは、認証を得ることがとても難しいと思われていること。
　2つめは、経営基盤が確実で、優秀な人材を抱えている会社が対象であり、零細な中小企業には縁がないものだと思われていること。
　3つめは、認証を取得しても効果がないのではないかと思われていること。
　これらの事柄は、まったくの誤解である。
　認証を得るには、ISO 9001：2000（以下JIS規格と言う）の要求事項に従って、自社なりの品質マネジメントシステムを構築し、それぞれの部門や階層に標準化し、それに基づいて活動し、必要な記録を維持すれば大丈夫なのである。

● ほとんど、すでに実施されている事項です

　実際のところ、いかなる会社でも、JIS規格の要求事項の70〜80%がすでに行われており、あと20〜30%を新しく構築するだけなのだ。
　例えば、JIS規格の「経営者のコミットメント」にある5つの要求事項は、

　　1.「顧客要求事項を満たすこと」は、お客様の注文通りの製品をつくること
　　2.「品質方針」は、"今年は5S運動をしようか"
　　3.「品質目標」は、"製品苦情を半減しよう"
　　4.「マネジメントレビュー」は、"儲からないなぁ、何が原因なん

だろう？"
　5．「資源」は、"もうそろそろこの機械を買い替えようか"というように、どこの会社の社長でも常々考えていることを、要求しているに過ぎないのである。

　JIS規格は、会社にとって当たり前にしていることを、もっと確実にできるように、もっとお客様に喜んでもらうようにする手法が書いてある教科書である。

　だからこそ、会社の大小、取り扱っている製品の種類、例えば製造業やサービス業などの業種の違いに関係なく認証を取得できるのである。

● 効果がイマイチという会社は

　また、認証を取得したにも関わらず「あまり効果がない」というのは、残念ながらその会社の姿勢の問題であり、システムの本質を理解しないままシステムを構築したり、きちんと運用していないせいである。
「認証の取得さえできれば、お客様からの信用が上がる」
「定期的に審査機関がチェックしてくれるから、安心だ」
「コンサルタントに任せたから、いいシステムのはずだ」
なんて考えている経営者では、効果が出ない。

　こういったことを世間では「自分のことを棚にあげる」と、昔から言う。

　本来、品質マネジメントシステムは、品質面からみた経営のシステムである。

　その運用には、あくまでもシステムに基づいた自助努力を必要とし、認証の取得から本当のスタートが始まることを肝に命じるべきである。

2　経営者の決断

「得意先から ISO 9001:2000 を取得しろと言われた」
「競争相手が ISO 9001:2000 を取った」
「ISO 9001:2000 の認証を取得して、何とか品質の高い製品づくりをしたい」
などと、色々な会社が、様々な理由で、品質マネジメントシステムに取り組んでいる。

しかし、理由は何であれ「何が何でも認証を取り、会社の役に立つよう意地でも頑張ってやる！」という、経営者の覚悟が必要である。

そうでなかったら、無駄なエネルギーとお金がかかるだけの、やっかいな代物と化してしまう。

● 取得した会社の一例

例えば、ある会社では、認証取得までは一生懸命に努力して認証を取得したにも関わらず、その嬉しさからか、あるいはあまりにシステム構築に苦労したからか、その反動でシステム運用を、つい1週間怠ってしまった…

そして1週間が過ぎ、2週間、3週間…1カ月、2カ月、3カ月…と過ぎる。

はたと気付いたときには、審査機関による定期審査が目前に迫ってきていた。

さすがにこのままでは駄目だ、何とかしなければと、全社あげて記録の捏造をする。

ひやひやドキドキしながら定期審査に臨んだところが、その結果は思

いもよらず審査員から「うまく運用されていますね」などとお誉めの言葉まで頂いた。

次の定期審査でも、たちの悪いことに、ごまかしのテクニックだけが向上している。

しかし、定期審査の場はうまくすり抜けられても、会社の実態は認証取得前のレベルとなんら変わることなく、相変わらず数多くの苦情製品を発生させ、お客様の不評を買っている…

残念ながら、せっかく認証を取得したにも関わらず、こんな会社が少なくない。

こうした格好つけだけの会社にならないように、品質マネジメントシステムにチャレンジしようとする会社の経営者は"システムを取得し、率先して効果的に運用する"という固い決意が大切である。

3　認証取得年月日の決定

　品質マネジメントシステムの認証取得には、3カ月以上の活動を証明する記録が必要だ。

　また、記録以外にも「文書化された手順」、つまり自分たちのシステムを JIS 規格の要求事項に従って、誰でも同じレベルで仕事ができるようにするために、品質マニュアル・規定書・手順書などといった「文書」が必要である。

　その文書化は、会社の規模や内容により必要とされる時間は千差万別だが、およそ3〜6カ月、ときには1年近くの日数がかかる。

● 経営者のフォローが決め手

　この品質マネジメントシステムと、それを説明する「文書化された手順」を主体的に作るのは、管理責任者と ISO 推進事務局、そしてそれぞれの部門の責任者となる。

　しかし、それは彼らにとって、ある意味では余分な仕事、それも神経をすりへらして面倒くさい難解なクイズに挑戦するようなものである。

　それを彼らは、日常の業務をこなしながらやりとげなければならない。

　ところが現実には、やれ誰それが風邪をひいて休んでしまったとか、急な出張を命ぜられたとか、せっかく時間を作って文書を作成しようとしてもなかなか進まない。

　ときには休日も犠牲にしなければならないかもしれない。

　思わず、投げ出したくもなる。

　でも、そういった気持ちを押し留め、システムづくりを1歩ずつ前進させてやるのが、経営者の心配りと、認証取得期限を定めた「認証取得

計画表」である。

　経営者は、認証取得計画の進捗状況を把握し、遅れたり停滞しているようなら、担当者と一緒になって前進に向けて歩きだすようにする。

　このような経営者の姿勢と、いついつまでに構築するんだという認証取得期限が、彼らに頑張り続けることができる原動力を与える。

● 多大な相乗効果

　品質マネジメントシステムの構築をやりとげる過程は、彼らにとって貴重な経験だ。

　この経験が、普段の何倍も彼らを成長させる。

　品質マネジメントシステムの構築には、「人材の育成」という相乗効果もある。

草花の生長

4 コンサルタントは必要か

　コンサルタントは必要かと聞かれたら、「良いコンサルタントを選べ」と答えることにしている。
　もちろん、コンサルタントなしで認証を取得する会社もあることはあるが、それだと取得までに大変長い時間がかかる。
　「1994年版」について、自分たちだけで認証を取得した会社に話を聞いたところ「企画から認証取得まで3年ほどかかった」というのが多い。
　これでは実際のシステムの運用期間が短くなってしまう。
　審査機関では「効果的に運用されはじめるには、少なくとも3年はかかる」という。
　それにISO 9001は、5年ごとに改正を行うと言われている。
　現に1994年版の「品質保証システム」は、2000年版では「品質マネジメントシステム」となっている。
　せっかく認証を取得し、さあこれからだと張り切ったとたん、また、新しいシステムを一から勉強しなければならない。
　こうしたことから、良いコンサルタントに依頼すると短期間で取得作業がはかどり、また長期間の運用が可能となり、より効果的なシステムへの改変ができるかもしれない。

● 良いコンサルタントとは

　私の友人に、大手食品会社の品質保証部長がいる。
　彼は仕事柄、品質管理についての講演を依頼されることがある。
　あるとき、講演会のあとの食事会に招かれたそうだ。
　その食事会の席で、コンサルタントを生業としている別の講師から、

「君はサラリーマンだから気楽にネタをしゃべってしまうが、非常に迷惑だ」

「我々コンサルタントは、君の話していることを金に替えて生活しているんだから…」

と、叱られた事があるという。

このようなコンサルタントは、選ばない方がいい。

自分の知識や理論を研鑽しないで、1サラリーマンが話す内容に文句をつけるコンサルタントは、コンサルタントとしての資格がない。

また、わずか数分で解説できる内容を、わざと難しくして長々としゃべるコンサルタントがいる。

コンサルタント会社にとっては、お金を稼いでくれる良いコンサルタントなんだろうが、指導を受ける会社にとっては迷惑千万な奴だ。

あるいは、依頼先の業界のことを全く知らず会社に乗り込むコンサルタントもいる。

指導を受ける方は、そのコンサルタントが話す業界用語を、いちいち自分たちの言葉に翻訳しなければならない。

こんなコンサルタントや、こんなコンサルタントを派遣するコンサルタント会社は止したほうがいい。
　百害あって一利なしだ。
　できることなら、コンサルタント先の業界についてよく知っている人がいい。
　あるいはよく知らなくても、事前に会社の内容や現状レベル、その業界独特の用語などを勉強し、理解してからコンサルティングをしてくれるような人に依頼すると安心だ。
　また、「一匹狼だから怪しい」、「大きなコンサルタント会社だから信頼できる」といった根拠のない選択で、自分たちの大切な品質マネジメントシステムの構築に参加してもらうのは、はなはだ危険なことである。
　肝心なことは、コンサルタント個人の持っている姿勢や能力を、判断の基準とすることだ。

5 管理責任者とISO推進事務局員の選任

● 誰にしようかな―人選はキーポイント

　経営者は、管理責任者とＩＳＯ推進事務局員を選任する際は、十分に考慮することが必要だ。

　管理責任者は、経営者とともに品質マネジメントシステムの運用に重要な働きをし、ISO推進事務局員は、管理責任者に代わってシステム構築の実際の細かな作業、つまり「文書化された手順」の作成、各部門や各階層との調整やすり合わせ、進捗管理などを行う。

　管理責任者とISO推進事務局員の選び方次第によって、品質の向上とか生産効率がなかなか向上しない低いレベルのシステムになるのか、あるいは理想論ばかりで現場が全く動かなくなってしまう無理なシステムになるのか、それとも、ちょうど身の丈にあった少し高めの目標が設定された効果的なシステムになるのかが決まってしまう。

　したがって、管理責任者には、できることなら会社の全体像を理解しており、指導力のある役職者が適任である。

　またISO推進事務局員には、パソコンが操れ、文書の作成が苦にならず、元気があって将来会社を背負っていけるようなタイプの人がいい。

　「ウチの会社には、そんなデキた人はいない」と嘆かなくてもいい。

　最初に話したように、できることなら、ということであり、真面目な頑張り屋さんであれば、システムを構築していく過程で自然と能力が開発されていき、経営者の期待に応え始めるものだ。

　ただし、管理責任者については「管理層の中から」という要求項目があり、ある程度の役職以上の人から選ぶことになる。

管理責任者任命書

品質マネジメントシステム管理責任者として下記の者を任命致します。

●●事業所　副所長　■■　▲▲

管理責任者として

(1) QMSの運用に重要なプロセスを確立し、お客様の満足及び適正な利益の獲得のための効果的な活動と、維持をする。
(2) QMSの実施状況及び更なる向上のための改善の必要性について、ISO事務局とともに社長に報告する。
(3) お客様のご注文どおりの製品づくりが一番大切であることを、●●事業所のすべての従業員に定着化させる。

について、責任と権限を与えます。

2003年 9月 9日

株式会社＊＊＊＊＊
代表取締役社長　◆◆　●●

6　認証取得のキックオフ宣言

　経営者は、品質マネジメントシステムの取得を決断し、良いコンサルタントを選択し、認証取得の計画表ができたら、いよいよ社内に「決意宣言」をする。

● 宣言にも気を配って

　その宣言の中味については、
　「私は会社の生き残りと発展を目指して、品質マネジメントシステムの認証取得を〇年〇月に実現し、お客様に喜んでいただける製品を提供することによって信頼を獲得し…」
というような紋切り型のものよりも、例えば
　「私は、いまのような状況の会社ではいけないと思っている。
　もっと良い製品をお客様に提供して、もっとお客様に喜んでもらい、もっとみんなが"この会社で働いて良かった"と言ってくれるような会社にしたいと考えている。
　そのために、品質マネジメントシステムを、どのような苦労があろうとも来春４月に取得しようと決心した。
　システムの中心となる管理責任者には〇〇工場長、ISO推進事務局には〇〇課長と〇〇係長にお願いした。
　彼らには、いままでの仕事にプラスしてこの業務をやってもらうが、彼らだけではシステムの取得も運用もできない。
　みなさんの協力がぜひとも必要なのである」
とこのように、経営者の決意が全ての従業員に確実に浸透するように言うのがよい。

もちろん、自分の好きなやり方で構わない。

　ただし、注意しなければならないのは、管理責任者やISO推進事務局員だけでシステムの構築をするという誤解を、その他の従業員に与えてはいけない。

　確かに、中心となってシステムの構築作業を行うのは彼らだが、その他の従業員のアイデアの提供や積極的なアドバイスも不可欠なのである。

　とくに部門の責任者には、自部門の手順書や記録などの作成に積極的に参加してもらわないと効果的な運用ができるシステムにならない。

　また、ときにはシステムの勉強会や構築作業部会に出席するために、配下のスタッフに業務の代行をお願いしなければならないこともある。

　認証取得の「キックオフ宣言」とは、システムの構築には全ての人々の参画が必要だということを、社内従業員全員に伝えることなのである。

7 システム構築者への品質マネジメントシステムの基礎教育

　まず最初に、経営者・管理責任者・ISO推進事務局員、そして部門の責任者は、品質マネジメントシステムの基本思想である「8原則」「JIS規格の要求事項」について理解しておかなければならない。

　品質マネジメントシステムは、この8原則とJIS規格の要求事項に従って構築するからだ。

　要求項目とは、JIS規格の「～すること」であり、8原則は次に示すものである。

　　a）顧客重視
　　b）リーダーシップ
　　c）人々の参画
　　d）プロセスアプローチ
　　e）マネジメントへのシステムアプローチ
　　f）継続的改善
　　g）意志決定への事実に基づくアプローチ
　　h）供給者との互恵関係

● 要求事項の4つのポイント

　ただ漫然とコンサルタントの解説を聞いているだけでは、内容が分からないので、次の4つのことに注意しながら勉強する。

　　1．要求事項は、自分に都合のいいように解釈する
　　　　ただし、自分勝手ということではない
　　　　　自分にとって都合がいいということは、審査員やコンサルタントに限らず、誰にでもその解釈の正当な理由が説明でき、相

手になるほどと納得させられることである

2．要求事項とは「〜すること」と述べられているだけで、「どのような内容で、どんなレベルでやる」などということは書かれていない

　「管理責任者とISO推進事務局の選任」の項でも述べたが、あまりに簡単なことだと低いレベルのもので終わってしまい、逆に、実力をはるかに超えた理想論ばかりだと運用が無理なレベルとなる

3．要求事項については、どこの会社でももうすでに要求事項の70〜80％は実行していると思われるので、「自社では、一体何の仕事が、どの要求事項に該当するのか」を考える

4．要求事項の中で「自社においては、何がまだ行われていないのか」について探る

　8原則とJIS規格の要求事項への理解の程度は、この勉強会に臨むあなたがたの意気込みとコンサルタントの能力による。

　皆さんの理解度やコンサルタントの能力が低ければ、システムを構築する際にそのつど勉強をやり直さなければならないし、ヘタをすると計画そのものが遅れてしまう。

　最も怖いのが、身の丈にあった品質マネジメントシステムの構築ができなくなることである。

8　文書の構成

　一般的に品質マネジメントシステムの文書については、次のような構成としている会社が多い。
1. 「品質マニュアル」は、要求事項の概要を述べた文書
2. 「規定書」は、多くの部門に共通する約束事の文書
3. 「手順書」は、その部門だけに使われる約束事の文書
4. 「関連文書」は、規定書や手順書以外のシステムの運用に不可欠な文書
5. 「記録」は、活動を証明する文書

　この文書構成は、改訂が比較的容易に行えるというメリットがあるが、文書数が増えてしまうために、一部の文書を読まずに運用が行われてしまうというデメリットが生じやすい。
　そのために、品質マニュアルと規定書、手順書の垣根を取り払い、できるだけ文書数を少なくして構成しようという考え方がある。
　このやり方では、当然、文書数が少ないためにワリと読んではくれるが、小さな修正であっても品質マニュアル全体の改訂となってしまうことがあるためにフレキシブルな運用に欠けるという傾向がある。

● あとで苦労しないために

　どのような構成にも一長一短はあるが、どのような構成にするかは、会社の規模と製品の種類によって自由にすればいい。
　ただ、文書構成をよく考えずに取り掛かってしまうと、あとで苦労することがある。

例えば、文書発効のときに確認印がいるのか・いらないのか、番号の付与をしなければならないのか・しなくてもいいのか、などという混乱が起こるかもしれない。

　一番困るのが、はたしてこの文書はシステムに必要なのか・不必要なのかがうやむやになってしまい、運用していく中で使われずに埋もれてしまうことである。

　2000年版のJIS規格では、そのために「文書のレビュー」をするよう要求しているが、これもあまりに各社の文書管理が上手くいっていないことからなのかもしれない。

9　文書書式手順の作成

　書式の好みは、人によってまちまちだ。
「俺は、Ａ４判の横書きが好きだ」
「私は、Ｂ４判でゴシック文字が馴れている」
「わしゃ、手書きしかできん」
などと、小さな会社の中でも色々なスタイルの文書が飛び交っている。
　また、文書の保管１つをとってみても、様々なサイズのファイルが必要となり、書棚が雑然としている。

●「読みやすい」文書にするために

　JIS規格には「読みやすく」という要求事項がある。
　そのためには、書式を統一することがポイントとなる。
　まず、Ａ４判、縦向き、横書きというのが一般的だ。
　１頁の行数と文字数、改行ピッチ、文字の大きさや字体も決めよう。
　次は、文書の種類によって表紙を付けるか・付けないか。
　あるいは、改訂履歴と目次、目的や適用範囲も必要な文書があるのか。
　文書名の簡略化、パターン化も必要だ。
　それと、番号の１、（１）、①はどのように付けるか。
　紙面の最初の文字は、第何行の何文字めからスタートさせようか。
　行の終わりはどの位置で改行すればいいのか。
　項目と項目の間は、１行空けようか。
　図はどうする？　一番最後にまとめて添付する？
などと、いざ書式を決めようとすると、なかなか面倒だ。
　しかし、あまり悩まなくてもいい。

大切なのは、あなたの会社での「読みやすい」文書はどういう書式か、ということを頭において決めることである。

●「読みやすい文書」が生産効率を向上させる？

　「読みやすく」ということは、品質維持や生産効率にもつながる大切な言葉である。

　読みやすくなっていれば定められた手順が確実に伝わり、読み間違いによる品質劣化や規格外製品の発生を未然に防ぐことができる。

　また、社内で配置換えがあったとしても、いままでいたセクションと同じ書式だと、戸惑うことなくすぐに仕事に取り掛かれる。

　こういったメリットがあるからこそ、文書と記録が「読みやすい」というのは大切なことなのである。

さまざまな人と、文書の図

10　品質マネジメントシステムの基本構想の決定

● 7つの足場

自社の品質マネジメントシステムについては、次の7つの基本構想を練らなければならない。

1. 様々な部門と階層のどこまでを、システムの適用範囲に入れるのか
2. JIS Q 9001:2000 以外の3つの JIS Q 9000 ファミリー規格を引用するのか・しないのか
3. お客様の要求事項は何か
4. 法規制要求事項は何か
5. 自社要求事項は何か
6. JIS 規格の 7. に除外する項目があるのか・ないのか
7. どのようなプロセスでシステムを構築するのか

この7つの基本構想について、システムの着手前に十分に検討して決めておくと、ずいぶんと作業が楽になる。

どのような建物でもまずは現場に足場を組むように、品質マネジメントシステムを構築する際には、この7つの足場を組んでから始めることが重要だ。

		承認	確認	作成
品質マネジメントシステム計画書				
		/ /	/ /	/ /

関　連	社長、管理責任者、ISO事務局
改訂要旨：	
目　的	お客様を満足させるための仕組みと、必要資源の提供を図る
手順	(1) お客様に提供する製品を定める (2) お客様に提供する製品の品質を定める (3) お客様に提供する製品の品質を、維持及び向上する仕組みを計画する (4) お客様の製品の品質を、維持及び向上する仕組みに必要な資源を計画する

1．お客様に提供する製品を、次に定める。

　　(1)　生食用カット野菜
　　(2)　加熱用カット野菜

2．お客様に提供する製品の品質を、次に定める。

　　(1)　お客様の要求する野菜種類・スライス及びカット方法・納品日及び納入場所を守った製品
　　(2)　劣化・褐変・腐敗がなく、金属片や硬質プラ片及びその他の異物混入のない製品
　　(3)　生食用カット野菜についての細菌基準は、一般生菌：10の6乗以下、大腸菌群：陰性の製品

3．お客様に提供する製品の品質を、維持及び向上する仕組みを、次に定める。

　　(1)　野菜及び包装資材の受入検査：受入検査有資格者
　　(2)　各作業室の受入検査 2・3・4：下処理、加工及び仕上作業者
　　(3)　冷蔵庫の温度管理：生産及び仕上責任者
　　(4)　刃こぼれ検査：生産責任者
　　(5)　生食用カット野菜
　　　　①次亜溶液洗浄による滅菌：生産責任者
　　　　②金属探知機による検出：仕上責任者
　　(6)　最終検査：最終検査員

4．お客様に提供する製品の品質を、維持及び向上する仕組みに必要な資源の提供を、次に定める。

　　(1)　品質マネジメントシステムの構築時に必要な資源の提供（金属探知機）
　　(2)　年度資源計画からの資源の提供
　　(3)　品質マネジメントシステムの運用に必要な各プロセスからの要求資源の提供
　　(4)　終礼、内部監査及びマネジメントレビューから指示された改善に必要な資源の提供
　　(5)　教育・訓練された要員の提供
　　(6)　品質マネジメントシステムの変更時に必要な資源の提供

11 ISO組織図の作成

● 組織図で、一目瞭然

　ISO組織図は、会社本来の組織図と異なる場合が少なくない。

　それは、管理責任者とISO推進事務局は、本来の業務にプラスして「選任」されるものであり、ISOだけを仕事とする「専任」ではないからだ。

　また、組織図中の経営者というのは社長だけとは限らない。

　例えばISOの適用範囲を製造工場だけに限定したとすれば、「経営者」は社長ではなく工場長となることがある。

　このようにISOの適用範囲によって組織が変化するため、ISOと会社本来の組織図とは違ってくるのである。

　ISO組織図の表し方は、経営者をトップにしてISO運用の補佐役である管理責任者と、ISO推進事務局を枝分かれにする。

　あとは会社の組織図と同様にピラミッド型に順番に書いていく。

　適用範囲外の部門や階層は破線で示し、紙面の空白欄に注記する。

　このISO組織図は、審査機関に自社のシステムに参画する部門と階層を説明するため、そしてシステム構築後に責任と権限、承認と確認などの行為を混乱させないためのものだ。

　余裕のある会社では、管理責任者とISO推進事務局を専任とするケースもあるが、勿体ないかぎりである。

　品質マネジメントシステムの運用には、日常の業務の中では各部門が中心となって活動し、管理責任者とISO推進事務局が四六時中関わるということはない。

図5にISO組織図の例を示した。

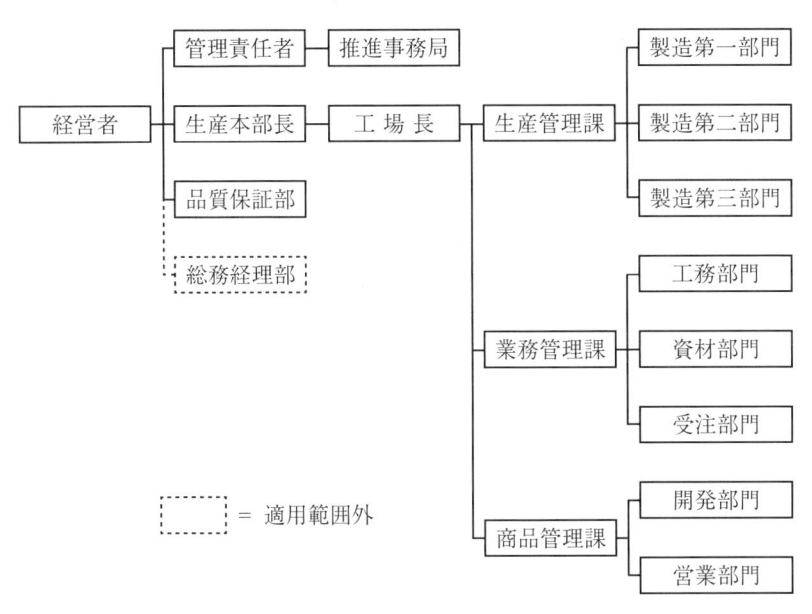

```
経営者─┬─管理責任者──推進事務局              ┌─製造第一部門
       │                                      │
       ├─生産本部長──工 場 長──生産管理課─┼─製造第二部門
       │                                      │
       ├─品質保証部                           └─製造第三部門
       │
       ┊─総務経理部
                                              ┌─工務部門
                                              │
                              業務管理課─────┼─資材部門
                                              │
                                              └─受注部門

         ┊    ┊ = 適用範囲外                  ┌─開発部門
         ┊┄┄┊                              │
                              商品管理課─────┤
                                              └─営業部門
```

図5 ISO 組織図の例

12　業務（責任と権限）

　ISO組織図ができたら、次に部門と階層の業務、そしてそれに関わる責任と権限を見直す。
　大企業ではそれらがワリと整理されているが、中小の会社では曖昧であることが多い。
　一応、所属部門は決められているのだが、責任と権限が曖昧になっているのである。
　それは、従業員数からしても止むをえない事情とは思う。
　「俺の仕事は、これとこれだ」と自分では思っていても、人が少ないためにしょっちゅう応援に駆り出される。
　フットワークの軽い人、仕事のできる奴ほど、その傾向が著しい。
　そのうち、どれが本業か本人にも分からなくなるほど、いつの間にか数カ所の仕事の責任者となっている。
　そのことが悪いと言っているのではない。
　そうしなければ会社は生き残ってこられなかっただろうし、また、そういう姿がその会社の必然だったのだ。

● ありのままの姿で

　ところが、ISO組織図を作成したり、職務の責任と権限を明らかにしようとすると、彼をもとの所属部門だけに入れたり、彼が面倒をみていた仕事に新しく別の責任者を置こうとする。
　新しい責任者を育てようと政策的に任命するのなら構わないが、システム構築のために格好つけようとするなら大間違いだ。
　もともとの組織図を直して、いまの実態に沿ったものにすればいい。

社長が工務を担当していたり、専務が物流部門でトラックを転がしていたり、品質管理の責任者が商品開発部門と製造部門の責任者を兼任していても、ちっとも構わないのである。
　気を付けなければならないことは、兼任で仕事をしていて、どっちつかずのコウモリとなってしまい、会社のためにも本人のためにも良くない状態になってしまうことである。
　そうならないためにも、ありのままの姿でシステムを構築すればいい。

あれもこれも仕事を任されている人

13　プロセスフロー　1

JIS規格では、次のように要求している。
1．プロセスを測定し、分析し、問題があれば改善する
2．プロセスを測定し、分析し、問題が解消されたら、さらに良い方法はないか改善する

では、プロセスとは一体何だろう。
JIS規格では「インプットをアウトプットに変換するために資源を使用する1つの活動又は一連の活動は、プロセスとみなすことができる」と定義されている。

● 目玉焼きにおける「プロセス」考

例として、目玉焼きで考えてみよう。
I／P（卵とサラダ油、塩とコショウ）をO／P（目玉焼き）にするために、資源（フライパンと奥さん）を使って活動（調理）することが、プロセスといえる。
また、さらに活動を分解して、管理（火にかける時間とフライパンの温度管理、卵の焼け具合のチェックなど）を設けるという考え方もある。

①もし、目玉焼きが上手に焼けなかったら、資源、活動、管理、あるいはI／Pのどれかに、はたまた複合の問題点を分析し、改善する。
②I／P（卵が古いなど）に問題がある場合は、それ以前のプロセスである、卵の購入先と選び方を分析し、改善する。
③もし、①と②に問題がなかったのなら、プロセスの設計そのもの

```
        ┌──────┐  プロセス（卵の購入）
        │ 管理 │
        └──┬───┘
  ┌───┐   ┌─▼──┐   ┌───┐
  │I/P├──►│活動├──►│O/P│
  └───┘   └─▲──┘   └─┬─┘
        ┌──┴───┐     │
        │ 資源 │     │
        └──────┘     │
                     │
              ┌──────┐  プロセス（目玉焼き）
              │ 管理 │
              └──┬───┘
   ┌─▼─┐    ┌─▼──┐   ┌───┐
   │I/P├───►│活動├──►│O/P│
   └───┘    └─▲──┘   └───┘
         ┌────┴─┐
         │ 資源 │
         └──────┘
```

I／P ＝ インプット
O／P ＝ アウトプット

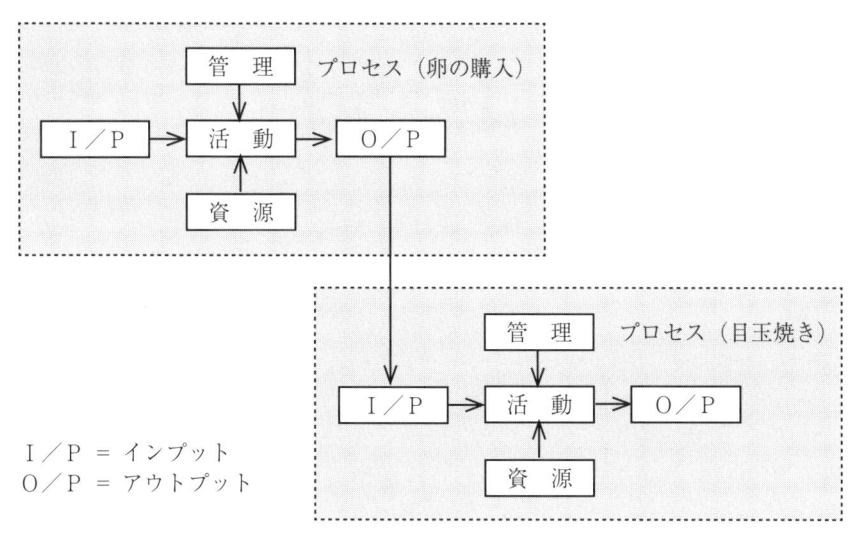

図6　目玉焼きにおけるプロセス

の不備を分析し、改善する。

　　例えば、焼くときにフライパンに蓋をして少量の水を加えて蒸し焼きにするという約束事がなかった、とか。

④では、目玉焼きをもっと上手に焼きたいならどうすればよいのか。

　　例えば、油は使わず、テフロン加工のフライパンを使う、などという約束事を設定する。

　自社の品質マネジメントシステムを構築するためのプロセスの設定の仕方には、製品の品質に直接影響を与えるものと、間接的に影響を与えるものを分けて設定する方法もある。

　また、JIS規格の中でプロセスという言葉が使われているものも含めて、品質マネジメントシステムが効果的に運用できるように管理しなければならないものを、プロセスとする考えもある。

14　プロセスフロー　2

プロセスを設定したら、それを文書化する。
どのように文書化するのか、定形はない。
自分たちが、よく分かるようにすればいい。
ただ、プロセスを文書化するのには、HACCPの危害分析手法を取り入れた「プロセスフロー図」にしたほうがよく分かる。

1. プロセス中の1つ1つの活動を、時系列でフロー図にする
2. その1つ1つの活動と活動間の想定される危害を、特定要因図に抽出する
3. その危害の重要度や発生率を検討し、管理活動を決定する
4. 管理活動の管理方法を策定する
5. 不適合製品の発生時の処置（手直し、特別採用、廃棄など）のルールを決める
6. 管理活動に記録が必要かどうか検討する
7. 上記1のフロー図に、新しく管理しなければならない活動や管理方法を付け加える
8. 1つ1つの活動や管理の責任者を定める
9. 以上のプロセスに必要不可欠な文書を選択し、記載する

プロセスの設定の仕方にもよるが、このプロセスフローは品質マニュアルを作成するときに威力を発揮する。
JIS規格の要求事項を品質マニュアルや規定書、手順書に書き込んでいくときには、どうしても5W1Hが必要である。

そのときに、活動の責任者や管理の仕方、必要不可欠な文書、不適合製品の処置のルートなどが、簡単明瞭に表されているプロセスフローは、とても役に立つ。
　また、文書間の整合性も取りやすい。
　プロセスに関する文書のサンプルを次頁に示した。

プロセス品質目標

各プロセス責任者は、社長が定めた品質方針に基づいてそれぞれが次に定めたプロセス品質目標を配下の従業員とともに確実に達成します。

プロセス	品質目標
資材購買	(1) お客様の要求するレベルの原材料の購入 (2) 製造量に合わせた適正量の仕入 (3) 合格原材料の受入、日付管理と冷蔵保管 (4) 売上対比50％購買 (5) 関わる施設・設備の5Sの維持
生　産	(1) お客様が要求する品質の製品づくり (2) 計画生産効率の達成 (3) 原材料ロスのデータ収集 (4) 生産機器のメンテナンス (5) 作業中、作業後の5Sの維持
仕　上	(1) お客様が要求する品質の製品づくり (2) 計画生産効率の達成 (3) 半製品ロスのデータ収集 (4) 測定機器のメンテナンス (5) 作業中、作業後の5Sの維持
物　流	(1) お客様が要求する製品の仕分・出荷・配送 (2) 遅配・誤配・客先違い・納品忘れのゼロ化 (3) 納品時間の厳守 (4) 配送車両の5Sの維持 (5) 関わる施設・設備の5Sの維持
営業事務（営業）	(1) 各種情報の収集・分析・報告 (2) 新規お客様開拓活動 (3) 苦情への迅速な対応
営業事務（事務）	(1) 間違いの無い注文受付・伝票発行 (2) OA機器のメンテナンス

承　認	確　認	作　成				
社　長	管理責任者	資材購買	生　産	仕　上	物　流	営　業
／	／		／	／		

月度個人目標

　各プロセス責任者は、配下の従業員に月度個人目標を与え、その活動状況及び進捗度を確認し、不適切な場合には指示・指導を行う。
　なお、個人目標が達成できない場合には、再度翌月に同一目標を与え、確実に行えるよう指導する。

プロセス	氏　名	個人目標	達成度
生　　産	A子	作業中、身の回りを整理・整頓する	5・3・1
	B夫	帰国中	5・3・1
	C子	コンテナを掃除する	5・3・1
	D夫	ユニフォームを正しく着用する	5・3・1
	E子	コンテナの識別が出来るようにする	5・3・1
	F夫	加工室を整理・整頓する	5・3・1
	G子	コンテナの識別が出来るようにする	5・3・1
	H夫	コンテナの識別が出来るようにする	5・3・1
仕　　上	I子	真空包装機を使えるようにする	5・3・1
	J夫	作業台の上を整理・整頓する	5・3・1
	K子	真空袋、シール袋、各袋を使い分けられるようにする	5・3・1
	L夫	アイテムが分かるようにする	5・3・1
	M子	真空袋、シール袋、各袋を使い分けられるようにする	5・3・1
物　　流	N夫	保冷車ドアの開閉を迅速に行うとともに、出発時及び店着時に温度を測定し、記録する	5・3・1
	O子	お客様と製品を一致させる	5・3・1
営業事務	P夫	入力データと発注データを確認する	5・3・1
評　　価	達成度は、月末の終礼にて各責任者が報告のうえ、出席者が協議し、判定する。なお、3の評価で達成とするが、人により次月も同一目標を与える場合もある。			

承　認	確　認	作　成				評価日
事業所長	管理責任者	生　産	仕　上	物　流	営　業	
／	／	／			／	

15 プロセスの測定基準

　プロセスが効果的に運用されているかどうかを判断するために、測定可能な場合には、それぞれのプロセスのアウトプットごとに、測定基準を設けなければならない。
　基準は、誰が見ても同じように良いか・悪いかが分かるように数値化してあるものがいいだろう。
　この数値化も自分たちで好きに設定して構わないが、世間の常識からハズレたものは感心しない。
　例えば、あるプロセスのアウトプットの1つの測定基準を、「生産効率は、計画の80％を達成すればOK」ということにしたとする。
　——皆さんいかがですか？
　この達成率では利益の獲得はできないだろうと誰もが想像できる。
　この数字が何カ月も続けば、プロセスの運用状態がうんぬんというよりも、会社の存続そのものが危うくなってくるはずである。
　もし、この数値でもやっていけるという会社は、計画そのものの設定が信用できない。
　このようにプロセスの測定基準は、誰が考えても妥当な数値でなければ効果的な運用なんぞ望みようがない。

16　プロセスの測定機会

　プロセスの測定とは、アウトプットの結果からプロセス全体の状態を見るということである。
　単に、アウトプットが良いか・悪いかだけを測定するということではない。
　プロセスの測定で大切なのは、測定した結果、アウトプットに問題がない場合でも「さらに良くなるやり方がないか」を検討したうえ、「改善につなげる」ことであり、また、問題があるようであれば、プロセスそのものを「見直し、再発しないように改善する」ということである。
　では、アウトプットの測定は、何によって、どのようなタイミングで行えばいいのだろうか。
　──好きにすればいい。
　好きにすればいいが、「品質マネジメントシステムを継続的に改善する」というJIS規格の要求事項を、忘れてもらっては困る。

● 測ればいいってもんじゃない

　例えば、製造に関わるプロセスのアウトプットを年に1回、マネジメントレビューのときに測定したとする。
　ついでに、測定基準の1つを「1年間の製品苦情の件数」と仮定して見てみる。
　そうすると、集計した件数のある数値を境目として、良し悪しの測定ができる。
　しかし、測定が遅すぎた場合、お客様から2度と注文がこないという最悪の事態になるかもしれない。

そうならないためにも製品苦情については、できるだけ短い期間で測定し、プロセスの改善に取り掛かることが肝要だ。
　しかし、あまりに短期間での測定も、情報とデータが少ないために的確なプロセスの分析ができなくなることもあり、必要のない改善や余計な改悪につながってしまう恐れがある。
　測定しなければならないプロセスは、たくさんある。
　プロセスごとに、別々の測定機会を設けてもいいし、一度にまとめて測定するのも構わない。
　大切なのは、プロセスが効果的に測定され、分析され、見直されているかどうかということである。

17　品質マネジメントシステム計画　1

● 品質マネジメントシステム計画を解読する

　品質マネジメントシステム計画とは、どのような計画なのだろうか。
初めて JIS 規格を読む人にとって、よく分からない要求事項の1つだ。
　JIS 規格には、品質マネジメントシステム計画について、次のように記載されている。

　　5.4.2 品質マネジメントシステムの計画
　　　　トップマネジメントは、次の事項を確実にすること。
　　　　a）品質目標及び 4.1 に規定する要求事項を満たすために、品質マネジメントシステムの計画が策定される。
　　　　b）品質マネジメントシステムの変更が計画され、実施される場合には、品質マネジメントシステムが"完全に整っている状態"（integrity）を維持している。

「何や、これは？　おまけに英語まで書いてあるやんか」
「この規格は日本の規格とちゃうのんかいな、カタカナぐらいはしゃぁないが…」
という声が聞こえてくる。
　しかし、これを読みこなさなければシステムの構築は無理なのだ。
　では、どのように読むのか。

　トップマネジメントとは、つまり組織の最高責任者ということだから、

適用範囲の最高位が社長であれば社長、工場長であれば工場長が、a）項とb）項について、システムづくりの中で確実に実行されるようにすればいいのだな。

　a）項は、品質方針に基づいて部門と階層が決めた品質目標が、確実に達成できるようにする方法を作ればよい。

　4.1 の要求事項というのはプロセスに関わることだから、システムの中でどのように構築し、実行するのかを計画すれば大丈夫だ。

　b）項については、「integrity」を辞書で引いてみると"コンピュータの完全性"という説明がある。

　何のことだろう？　そうだ、コンピュータはハードもソフトも完全でなければ役に立たないし、またきちんと可動するコンピュータは、指示さえ間違わなければ答えが確実に出てくる。

　つまり、品質マネジメントシステムを変更するときは、JIS規格・法規制・顧客・自社の要求事項を完全に満たすようにしていなければならないんだ。

　また、変更して活動するときには問題が起きやすいから、アウトプットが計画された成果になるように、インプット・管理・活動・資源をきちんと整えて、それを維持すればいいんだ。

　品質マネジメントシステムを計画する、あるいは変更するときには、あらゆる方向から多角的に見られる骨組みを作ればいいのか！

　こんなふうに考えてみたら、どうだろう？

18　品質マネジメントシステム計画　2

●「計画書」にしておくと便利

　次に、品質マネジメントシステム計画は、「計画書」にしなければならないのだろうか。

　JIS規格「5.4.2 品質マネジメントシステムの計画」では、「計画書を作成しろ」とは要求していない。

　審査員や内部監査員から、

「あなたの会社の品質マネジメントシステムの計画を教えてください」

とか、

「あなたの部門は、品質マネジメントシステムの計画の中のどこに関わっているのか聞かせてください」

と説明を求められたときに、きちんと分かりやすく話ができればいい。

　品質マネジメントシステムの計画は、JIS規格の要求事項に基づいて品質マニュアルや規定書、あるいはその他の文書を作成するため、それぞれの文書のいずれかに詳細が定めてあるものである。

　中心となって計画を構築した管理責任者やISO推進事務局は何とか答えられるだろうが、経営者やその他の従業員は、どうだろうか。

　加えて、品質マネジメントシステムの計画、つまり骨組みを知らずして、システムの効果的な運用と継続的な改善のための知恵はわいてこない。

　やはり、ここは「品質マネジメントシステム計画書」があったほうが、誰にも分かりやすいものだ。

品質マネジメントシステム計画書を作成するときは、次のことに注意すればいい。

　　1．会社の製品とは何か
　　2．その製品の品質はどのようなものにするか
　　3．品質を維持するために、どのようなプロセスを管理するのか
　　4．そのプロセスを維持するための資源をどのように配分するのか
　　5．新製品を製造するための新しいプロセスの構築時や、既存のプロセスを変更する場合の資源を、どのように配分するのか
　　6．それぞれのプロセスの順序や関係、測定と分析、改善処置などのルートを図式化する

　とくに一番大事なことは、プロセスの効果的な活動に不可欠な「**資源の配分方法**」をきちんとしておくことだ。

お菓子 分配

19　文書審査の申し込み

● 審査機関も厳選しよう

　文書審査は、認証審査を受ける審査機関に予め申し込む。

　審査機関に品質マニュアルなどの文書を郵送したり、出向いたり、また、審査機関が訪問して行うなどいろいろなやり方があるから、審査機関によく確認する。

　ちなみに、審査機関は全国で60から70機関くらいある。

　残念ながら、審査機関もコンサルタント会社と同様に玉石混交だ。

　直近の例では、ある県が第三セクターで開設した審査機関は、審査内容がお粗末だったばかりに、改善命令が出された。

　改善措置が取られ、問題点が再発しないようになるまでは審査ができず、さらにその後、改善措置が認められ、さぁ再開だというときになって、機関の代表である県知事がその審査機関を解散させてしまった。

　もちろん、信用がなくなってしまったからであり、この先の存続が見込めなかったからである。

　このように審査機関にもピンからキリまである。

　簡単に、楽に、文書審査と認証審査に合格したいと思う気持ちは、誰にでもある。

　しかし、大切なのは、あなたの会社の品質マネジメントシステムをバックアップしてくれる審査機関の能力と真面目さだ。

　品質マネジメントシステムを支える文書審査と認証審査、そして定期審査がいい加減だったり、甘いようでは、いつまでたってもあなたの会

社の弱点や欠陥が見出されないまま、「お客様に喜んでいただく製品を作る」という目的がますます遠のいてしまうかもしれない。
　だからこそ、審査機関を選ぶ際には余程気を付けなければならない。

20　既存文書の整理

● 整理ついでに大掃除？

　品質マネジメントシステムに必要とされる文書と記録は、今までの文書と記録が活用できることが多い。
　そのために、一度「棚卸し」をやろう。
　システムの適用範囲である部門や階層の引出しの中や書庫、はたまた製造現場の隅から隅まで、全ての文書と記録を取り出す。
　そして、まずはそれらの文書と記録を、現在適用しているものか・そうでないものかに大分類する。
　適用していないものは、これを機会に思い切って処分する。
　次に、どの部門・階層の文書と記録か、中分類する。
　最後に、規定書・手順書・その他の文書・記録等に小分類する。

● 名前を付けよう、保管しよう

　もう、あなたたち ISO 構築者は「構築者への品質マネジメントシステムの基礎教育」やら、「プロセスフローの作成」、あるいは自分の勉強を通して、ある程度必要な文書・記録についての判断がつくはずだ。
　もしも判然としないなら、JIS 規格を読み返したり、プロセスフローにて再検討する。
　ついでに、新しく作成しなければならない文書と記録についても、分かる範囲で名前を付けて分類しておこう。
　こうした作業の中で、システム構築に必要な文書と記録を把握していく。

また、JIS規格や機械の取扱説明書など社外から配付される文書を、外部文書として整理し、これもシステム構築に必要かどうか区別しておく。
　最後に「一覧表」を作成する。
　規定書は規定書のところに、手順書は手順書のところ、関連文書は関連文書のところ、記録は記録のところ、いずれに所属するか不明なものは不明文書、といったように、一目で分かるように分類しておく。
　必要と判断された文書と記録は、サンプルを保管する。
　このサンプルの保管をいい加減にすると、次に文書と記録を修正したりするときにもう一度探し回り、とても面倒なことになる。

大掃除

21　記録と手順書　1

まず、記録と手順書から取り掛かろう。

品質マニュアルから作成する方法もあるが、このやり方は、よほど手慣れたベテランでもないかぎり、必要な約束事や文書名を欠落させてしまう恐れがあり、あまりお薦めできない。

最初は記録、関連文書、手順書、最後に規定書と品質マニュアルといったように、下位のものから上位のものへと、さかのぼりながら作成と修正をすると、ミスが発生しにくい。

どのような記録や手順書でも、作成と修正をするとき守らなくてはならないことが3つある。

1．前もって定めておいた「文書書式手順」に従うこと
2．「5W1H」を明らかにすること
3．すべての文書に整合性を持たせること

読みやすい文書にするためには、記録や手順書を作成したり修正したりする際に、それぞれがルールを無視して好き勝手に行ってはならない。

作成する際には「書式手順」を遵守すること。

● 使用禁止用語？

記録で注意することは、JIS規格「7.4.1 購買プロセス」や「8.3 不適合製品の管理」などに要求されている「処置の記録を維持すること」と、基準から逸脱したときの再測定が抜けてしまいやすいことだ。

定めた基準から逸脱したときに、どのような処置を取ったのか、その

処置の結果が記録されていなければならない。

　もちろん、処置の記録は別の用紙を使っても構わないが、抜け落ちてしまう危険性がある。

　また、手順書でよく失敗するのが、「〜を明確にする」とか「〜を確実にする」と、つい JIS 規格に使われている言葉を使って文章にしてしまうことだ。

　JIS 規格は、どのような会社にも適用できるように「明確、確実」という言葉を使っているが、皆さんの記録や手順書では使用禁止だ。

　「明確にする」ため、「確実にする」ために、いつ・どこで・誰が・どのように・どんな方法で実施したのかを、きちんと漏れなく表現する必要がある。

　そして、関連する文書にも気を付けて作成や修正を行わないと、文書間の整合性がなくなってしまう。

　記録や手順書の作成・修正の際は、常に ISO 組織図やプロセスフローをかたわらに置いて、参考にしながら行うとよい。

　なお、現場とのすり合わせにより、責任や権限、あるいは部門や階層を修正する場合、すり合わせに使った記録と手順書は修正したけれども、プロセスフローや関連する文書を直すのを忘れてしまうことがある。

　これでは、整合性がなくなってしまうため、十分に注意すること。

22　記録と手順書　2

● 自分から進んでやろう！

　記録と手順書は、それに関連する部門の責任者に依頼するだけでなく、自ら協力をしよう。
　その理由は、誰でも人から「やりなさい」と言われたことには、なかなか気が乗らないものだからだ。
　また、製造部門の責任者は、製品を製造したり、生産効率を追求したりするのは得意だが、文章となると苦手な人が多かったりする。
　そのような人たちに、
「今日が『X線検査機取扱手順』の締切日なんですけど…」
と催促しても、
「悪いなぁ、仕事がいっぱいで作成するヒマがなかったんだ」
「君も知っているだろう、ここんとこ残業続きってことを」
などと、軽くあしらわれてしまい、いつまでたっても手順書ができてこない。
　昔のテレビCMで奥さんが、
「アナタ、××してちょうだいよ！」
というと、
「う〜ん、いまやろうと思っていたのに」
と、小心者の亭主がスネてしまうシーンがあったことを思い出す。
　まあ、女房だけでなく、小さいころから、いつも母親や先生に注意されていた記憶のある私には、製造部門の責任者とその亭主がダブってしまい、思わず苦笑いしてしまう。

こうしたことのないように、こちらから進んで手伝うのだ。
あなたはＸ線検査機のことを知らない。
製造部門の責任者は文章が苦手。
お互いに弱点を持っている。
それをお互いが歩みよって完成させるのだ。
記録と手順書づくりには、こうした地道な努力がいる。

23　記録と手順書　3

●「現実」という壁

　さあ、ISO推進事務局が主体的に作成する規定書と品質マニュアルにたどり着いた。

　記録や手順書は、部門責任者に協力しながらやっと仕上げた。

　これからは、自分たちのペースで規定書と品質マニュアルに取り組める。

　しかし、あなたはすぐに壁にぶち当たる。

　それは、規定書も品質マニュアルも作成していく中で、今度は反対に部門の責任者の協力をお願いしなければならないからだ。

　記録と手順書作りを通して、いっぱしの現場通になったつもりだったが、やはり専門家ではない、ということを痛切に感じる。

　会社というものは、それぞれの部門と階層がそれぞれの仕事をやりとげてくれるからこそ、会社が成り立っているのだということがよく分かる。

　調子のいい奴だ、無責任な男だと、見下していたことが恥ずかしくなる。

　大切なのは、この後悔の気持ちだ。

　あなたが反省したとき初めて、効果的な品質マネジメントシステムが、それも身の丈に合ったものが構築されはじめる。

　さあ、もう一度作成した記録と手順書を部門責任者とともに見直そう。

　いくら部門の責任者が中心となって作成したとはいえ、手伝った際に、

もう少し、もう少しと現場の実力から遠く離れた理想論を押し付けたり、反対に部門責任者の言うがままに低いレベルで作成してしまっていることはないだろうか？

　見直しをしないでおくと、実際に運用するときになって手順が守られなかったり、よく確認しないままの記録や、あとで思い出して取って付けたような記録になる危険性がある。

　後戻りをするのは辛いが、「急がば回れ」というコトワザもある。

　確実なシステム構築のために、もう一度、記録と手順書に問題点がないかどうか、部門の責任者と打ち合わせをしよう。

24 規定書

　規定書の書式は、品質マニュアルに準じて作るのがいい。
　　1．表　　紙
　　2．改訂履歴
　　3．目　　次
　　4．目　　的
　　5．適用範囲
　　6．用語の定義（自社の独特な言葉の解説）
　　7～　約束事

　もちろん、規定書の書式については、予め「文書書式手順」に定めておく。
　参考例として「衛生管理」を挙げてみよう。
　「衛生管理」は、作業者は当然のこととして、見学者や修理業者、その他の人についても、製造現場に入場する際の衛生に関わる手順や、場内での遵守事項を定めた文書のことである。
　私服で時計やイヤリングをしたまま、帽子も被らずに、素手で原材料や什器備品などを触られたら、現場でせっかく注意しながら安心・安全な製品づくりをしていたのに、一瞬で無駄となる。
　決められたユニフォームを着用し、殺菌洗剤を使った手洗いを行い、細菌の交差汚染や2次汚染、異物の混入を防止するための約束事を決め、守られなければならない。
　これ以外にも「文書管理」や「教育訓練」、あるいは「内部監査」「改善処置」なども多くの部門に共通する事項のため、規定書で構成したほ

うが運用しやすいと考えられる。

このように規定書は、どういう目的のために必要なのか、どこまでの人達に適用させるのか、品質マネジメントシステムの効果的な運用のために、何を守って活動してほしいのかを分かりやすくするために、品質マニュアルに準じた書式とする。

● 見て楽しい、分かりやすいイラスト・写真入り

話は変わるが、規定書に限らず品質マニュアルや手順書は、文章だけで構成しないほうがいい。

中年になっても電車の中で漫画本を夢中になって読んでいる人もいれば、テレビ欄以外の新聞紙面をまったく読まずにテレビだけで情報を収集している若い人もいる。

そんな人たちに、文章だけで作成した文書を読め、というのは無理がある。

できるだけ図式化したり、イラストや写真を取り入れて、分かりやすく、読みやすく、興味を引くようなものにしたほうが理解してくれる。

ある会社では、文章を20％程度に留め、残りの部分はフロー図と写真だけで作成したところもある。

大切なことは、認証審査だけを意識した文書でなく、会社の中で実際に使う人たちのために作成された文書でなければならないということだ。

25　品質マニュアル

● お手本は「JIS 規格」

　品質マニュアルのお手本は、JIS 規格だ。

　どうやって品質マネジメントシステムを構築したらよいのか、JIS 規格に答えがきちんと載っている。

　悩んだら、穴のあくほど読み返す。

　そうすると、何となく頭の中に広がっていたモヤモヤに光明が射し込んでくる。

　例えば、JIS 規格「7.4.3　購買製品の検証」では

　　「組織は、購買製品が、規定した購買要求事項を満たしていることを確実にするために、必要な検査又はその他の活動を定めて、実施すること」

と、要求している。

　自分のところでは、購買を担当している部門は資材部門だから、まず「組織」のところに資材部門を入れてみよう。

　購買製品は、原材料だけでなく、測定に使う検査器具や生産機械も取引先から買っている―ということは、購買については品質保証部も工務部門も購買活動を行っているということになる。

　「組織」には、この２つの部門も入れよう。

　「規定した購買要求事項」とは、原材料や検査器具や生産機械を買う際に、こういうのが欲しいと取引先に伝えている内容のことだな。

　「必要な検査」とは、何だろう？

　そうだ、いつも資材部門が発注表と納品伝票、それに原材料の名前や

ケース、数量や鮮度をチェックしているから、それを当てはめればいいんだ。

検査器具も生産機械についても同じだ。

おまけに、きちんと動くかどうかもテストしていたな。

「その他の活動」は、タンクローリーで酢が入荷した際に、メーカーが添付してくる検査票を確認していた。

これでいこう。

つまり、品質マニュアルには、資材部門、品質保証部および工務部門はそれぞれが担当する購買製品が、それぞれに規定した購買要求事項を満たしているかどうか「受入検査規定」に定める、とすればいい。

そして、それぞれの詳細な5W1Hについては、「受入検査規定」とか「受入検査手順」とかに当てはめて表現すれば構わない。

このように、JIS規格を読み、自社の品質マネジメントシステムを構築していく。

ジグソーパズル

26 マトリックス

● マトリックスって何？—星取表のことです

マトリックスとは、
1. JIS規格の「4.1 品質マネジメントシステムの一般要求事項」から「8.5.3 予防処置」の要求事項に対して、どのプロセスが「主管」で何が「関連」なのか
2. プロセスに対してどの部門と階層が「主管」であり、「関連」なのか

ということを、星取表に表した文書である。

星は、自由に決めればいい。
　主管を◎、関連を○、それとも●と○、あるいは■と□、といったように分かるようにすれば何でもいい。
　ところが、この主管と関連の印を、いざ付けようとすると難しい。
　それは、JIS規格の各事項に複数の要求事項があるからである。
　「責任」という切り口からにするか、「実行」という面から見るか、それともその他の考え方でアタックするのか、大いに悩むところだ。
　しかし、ひょっとすると、品質マネジメントシステムの構築に問題があったり、無理があるために付けづらいということがあるのかもしれない。
　このような場合には、もう一度、構築した品質マネジメントシステムを見直す必要がある。

このマトリックスは、審査機関が認証や定期の審査計画を立案する際、そして内部監査プログラムの策定の際に活用される。

　内部監査では、プロセスの重要性—つまり、どのプロセスと領域が「主管」であり「関連」であるかを考慮して監査を行うよう求められている。

星取表

27　文書と記録の検証

　JIS 規格の「4.2.3 文書管理」の a) 項、b) 項に「発行前に、適切かどうかの観点から文書を承認する」、「文書をレビューする」という要求がある。

　文書と記録に定めたやり方に従って品質マネジメントシステムを運用するのだから、もしも誤った情報に基づいて活動を始めてしまうと大変なことになる。

　そのために、作成した文書と記録は、整合性がとれているか、作り忘れたものがないか、必要な内容が抜けていないか、読む人が思い違いをするような書き方をしていないか、などについて検証することが大切である。

● 文書審査は抽出審査

　「大丈夫、文書審査を受けるんだから。駄目なら指摘された所を直して、もう一度アタックすればいいさ」
などと、楽観していてはいけない。

　文書審査は、サンプリングによる審査だ。

　貴方の会社の文書や記録を、懇切丁寧に全てを審査してくれるのではない。

　あくまでも、部分的な審査なのである。

　例えば1回の文書審査で、問題点が見逃されてしまったまま運よく合格したとする。

　文書審査のあとには、いよいよ試験運用のキックオフ宣言となる。

　品質マネジメントシステムの開始である。

内実は多くの問題点を抱えたままのスタートなので、測定する基準値が違っていたり、A部門がすべき検査をB部門が行うよう定めていたりと、運用を始めてから様々な問題が噴出してくる。
　問題が出てくるたびに文書や記録を改訂するのだが、改訂すればするほど文書間の整合性が遠のいていく。
　そのうち何がなにやら、さっぱり訳が分からなくなる…

● 重なる時には、重なる…

　皆さんも経験していると思うが、何のトラブルもないときには「生産効率の低下」や「製品苦情」は発生しない。
　しかし、複数の従業員が風邪で休んでいるというときに限って、生産機械が故障してしまったなどということが重なる。
　そんなときには、製品の出荷を間に合わせるために、粗雑な作業になってしまったりして、規格外製品や苦情を発生させやすい状況となる。
　普段でさえ、いつ、何が起こるか分からないのに、さらに文書と記録の問題処理がプラスされる事態となったら…
　だからこそ、こうした情けない状態を招かないように、予め文書と記録をしっかり検証しておくことが肝要である。

28 文書審査

● 申し込みはお早めに

　文書審査は、自分たちが決めた審査機関に、事前に申し込んでおく。
　審査員たちは、自己研鑽のための研修とか、文書審査以外にも予備審査（オプション）や認証審査のために結構忙しいので、こちらの都合のいい審査日と合わない場合がある。
　そのため、計画していた文書審査の日よりも随分と遅れてしまうことがある。
　文書審査が遅れれば、必然的に認証審査の日もズレてしまう。
　こうしたこともあるので、早めに申し込んでおこう。

● 担当者の胸中は…

　文書審査は、JIS規格の要求事項が5W1Hで漏れなく、文書にきちんと定められているかどうか、サンプリングによって審査機関が審査するものである。
　さて、いよいよ自分たちの番だ。
　ドキドキする…
　頭の中で、ここ数カ月間の苦労が思い起こされる。
　「一発でOKがもらえるやろうか…」
　「あかん、もう一度やりなおしと言われたら、どないしよう」
　緊張する…

　私の文書審査の日の経験を話そう。

私もその日の朝からノドがカラカラに乾いていた。
　なぜかというと、1994年版のシステムを構築する途中で、コンサルタント会社のおエライさんから「システムの考え方が違う、やり直し！」と怒られ、訳も分からないままそのおエライさんの言う通りに直したということが事前にあったからだ。
　私自身は「何で俺の考え方が違うんだ」という疑問と、「コンサルタント会社のおエライさん、それも上級審査員の有資格者が言うことだから、よもや間違いはないだろう」という相反する気持ちがあって、文書審査の当日は心臓が張り裂けそうだった。
　その作り直した品質マニュアルを携えて臨んだ文書審査では、
「駄目です。貴方の会社にこの考え方は合いません」
と、審査員から不適合を指摘された。
　でも、幸いなことに修正する前の品質マニュアルも持参していたので、
「これでは、駄目でしょうか」
と、恐る恐る差し出すと、
「これですよ、この考え方なんですよ。こことここを少し直せば大丈夫です」
　…よかった…！

「文書審査で緊張するな」というほうが無理である。
　でも、1つ1つの要求事項を自分たちの言葉で、自分たちに分かりやすくシステムを構築しているのなら、心配しなくてもいい。
　ワザと落とそうとする審査機関なんてないはずだ。
　できることなら合格してもらい、1つでも多くの会社が品質マネジメントシステムを運用し、お客様の満足を獲得して、発展していってほしいと願っているはずである。
　まともな審査機関というものは、そういうものなのだ。

29　従業員への品質マネジメントシステム基礎教育

● 自分だけが分かっていてもダメ

　品質マネジメントシステムを、中心となって構築した管理責任者やISO推進事務局は、どのように活動していくかの全体像がすでに理解できているだろう。

　あるいは、手順と記録作りに参加した部門責任者も、自部門についてはそこそこ分かっているだろう。

　でも、実際にシステムを毎日運用していくのは、一般社員やパート、派遣スタッフたちである。

　この人たちが分かっていなければ、品質マネジメントシステムの効果的な運用なんぞ夢物語となる。

　そのため、品質マネジメントシステムの構築の中で最も大切な作業が「従業員への教育」だ。

　もちろん、階層や部門によって理解していなければならないレベルと内容は違ってくる。

　例えば、経営部門と資材部門では、仕事の範囲や内容も違うだろうし、管理職とパートでは、責任の重さや権限の度合いも違うだろう。

　自社の品質マネジメントシステムが、どのような背景と考え方によって作られたのか、骨子はどのようなものか、会社が目指しているのは何か。

　目標を達成するためには、各自がどのように参加・協力していけばいいのか。

　実際の作業と記録は何に従ってやればいいのか、お客様の満足とは何

か、などという基本的なことについて、全ての人が知っていないと、品質マネジメントシステムが効果的に運用されていかない。

「パートや派遣スタッフだから、与えられた仕事のことだけ分かっていてくれれば構わない」ということでは困る。

● パート＆派遣社員はあなどれない

パートや派遣スタッフは、毎日限られた業務だけを行うために、ある意味では「その仕事の専門家」と言っても過言ではない。

ましてや、いままでに色々な会社を経験してきた者も少なくない。

かえって新卒からずっと働いている、1つの会社しか知らない一般社員や管理職よりも、仕事の問題点や改善方法について的確に把握していたり、素敵なアイデアを持っているかもしれない。

こういった人たちを活用しない手はない。

パートや派遣スタッフが一般社員以上に、一般社員が管理職以上に働き始めたら、こんな愉快なことはない。

品質マネジメントシステムの基礎教育は、「会社にいる全ての人が、その効果的な運用の鍵を握っており、だからこそ全ての人の協力が必要なのだ」ということを理解してもらう絶好のチャンスなのである。

30　予備審査の申し込み

● 備えあれば憂いなし

　予備審査はオプションだ。
　オプションだから、審査を受ける・受けないは、好きにすればいい。
　ただ、
「文書審査には合格したけれど…」
「文書審査で指摘された不適合は直したんだけど…」
「品質マネジメントシステムの試験運用を始めたけれど…」
「ところどころに綻びが出始めた」
「その綻びも出るたびに直しているが、際限がないように感じられる」
「こんな状態で認証審査は、合格するんだろうか…」
などと悩んでいるなら、予備審査を考えたほうがいい。
　はたして自分たちの品質マネジメントシステムが、認証審査に合格するものだろうかと心配ならお願いしたほうがいい。
　予備審査で、審査員から
「結構です。とても良く運用されています」
と誉められても、安心してはいけない。
　予備審査は認証審査合格の約束手形ではない。
　しかし予備審査を受けたことで、どこが良いのか、どこに弱点があるのか、問題点は何かということが分かり、参考になる。
　悪かった点は、すぐに直して運用する。
　ただし、予備審査もサンプリング審査で、部分的な審査のため、全体的な判断ではないことに留意する。

31　品質マネジメントシステム運用開始のキックオフ

● キックオフ第2弾

　文書審査のときに審査員から
「いつからでも構いませんから、運用を始めてください」
と告げられたら、経営者は「○月◇日から運用を開始する」と、社内に宣言する。
　このキックオフ宣言は、先の「認証取得のキックオフ宣言」と同様に、要求事項という訳ではないが、
「さあ、始めるぞ！」
「今後、品質マネジメントシステムに従って製品を作り、お客様に喜んでもらうぞ」
と、経営者の決意を全ての従業員に知らしめる大切なイベントだ。

● 社長だけが見えていない

　話は変わるが、ラジオ体操を行っている会社がある。
　見ていると社長1人が張り切っており、社長以外の、特に若い従業員は、
「ばかばかしい、眠たいのに始業開始15分前から、しかも手当もつかないのに…」
と、手足が縮こまったまま嫌々やっている。
　社長に何故ラジオ体操をやっているのか聞くと、
「これから仕事なんだ、出掛けに母ちゃんとケンカしたことも、夕べ恋人にフラれたことも、すべてオフのことは忘れて、会社に来たからに

はスイッチをオンに切り替えてほしいんだ。

それと、体操することによって身体を目覚めさせ、労働災害にあわないようにするためだ」

と、判で押したような答えが返ってくる。

たしかに社長の言うことはもっともだが、実態を鑑みるに、はたして社長の望む効果が生まれているのかどうか疑問である。

● アフター「宣言」

キックオフ宣言にも同じようなことが言える。

「頼むぞ！」と宣言したはいいが、そのあとは管理責任者とＩＳＯ推進事務局に任せきりにし、本当に頼んだままにしてしまう経営者がいる。

これでは、品質マネジメントシステムの効果的な運用も、継続的な改善も望めない。

大切なのは、キックオフ宣言のあとだ。

経営者は、自分の会社の品質マネジメントシステムに常に向き合っていなければならない。

ラジオ体操。張り切る社長。ダウける社員

32　認証審査の申し込み

　認証審査を受けるためには、3カ月以上の記録付けが必要だ。
　したがって、品質マネジメントシステムの運用から、3カ月以上経過した頃に審査を受けられるように、「運用開始のキックオフ宣言」前後に申し込みをする会社が多い。
　このくらい前に認証審査の申し込みをしておけば、まず自分たちの望む日に審査を受けられるだろう。
　ただ、注意してほしいのは、認証審査予定日あたりに生産計画が集中していたり、会社の大きな行事が重なっていないことを確認しておく。

● 悲惨な例─創業記念パーティーと審査日が！

　私の知っている会社の話である。
　認証審査の申し込みの際に、審査機関から希望の審査日を聞かれた。
　ちょうど希望日のあたりに「創業十周年記念パーティー」が予定されていたが、ダブルブッキングしないよう気を付けて申し込んだ。
　ところが何の手違いか、パーティーの日と審査日が重なってしまい、しかもそのことが分かったのが審査の2週間前だった。
　あわてて審査機関に変更を伝え、事なきを得たかと思われたところが、動揺していたためかパーティーの直前が認証審査日となってしまった。
　創業十周年ということでパーティーは大々的に計画しており、そこにさらに認証審査が加わってしまい、ずいぶん苦労したということだ。

　認証審査だけに集中できるよう、申し込みの前には適用範囲内の部門と階層の都合をよく確認しておこう。

ちなみに、認証審査にかかる日数は、従業員の数による。

100名以内なら審査は3～5日だろう。

また、審査費用も従業員の数によって違ってくる。

詳しくは審査機関に聞いてほしい。

また、本社と工場が遠く離れていて、どちらも適用範囲とした会社では、それぞれの場所に審査員が出向いて審査を行う。

33　内部監査員研修

　内部監査員は、品質マネジメントシステムの運用に大きな影響を与え、監査員の質により品質マネジメントシステムが良くも悪くもなる。

● 10万円―「出す価値があった」人、「無駄金だった」人

　内部監査員となるには、ふつう審査機関やコンサルタント会社が主催する「内部監査員研修」を受ける。

　だいたい2日間の研修が多いようだ。

　研修費用は、1人当たりおよそ10万円前後である。

　この金額が高いものとなるか安いものとなるかは、受講者の研修姿勢による。

　いい加減な姿勢で臨むと、内部監査員研修の最後に実施される修了テストに合格しない。

　修了テストは、内部監査員研修も1つの教育であり、教育を施したからにはその有効性を評価するようJIS規格で要求されている。

　これに合格しなければ内部監査員にはなれず、お金はドブに捨てられたことになる。

● 内部監査は人次第

　内部監査員研修を受講し、修了テストにも合格した。

　だから、いい内部監査ができるだろうと思ったら大間違いだ。

　わずか2日程度の研修では、研修を受けていない人より少しはマシ、というレベルなのである。

あまり過大な期待をしてもらっては困る。

それは、自動車の免許証と同じで、交通量の多くない田舎町で運転免許証を取った人に、免許証が交付された翌日に、東京の池袋や新宿を一周してこいと命じるようなものなのだ。

また研修後も、不断の勉強がものをいう。

内部監査員にふさわしいタイプは、ISO推進事務局員と同様に、真面目な頑張り屋さんを選ぶといい。

● 公平性を保つために

内部監査員が何人必要かは、あなたの会社の規模にもよるが、1人ということはまずありえない。

それは、内部監査員には公平性と客観性が求められるからだ。

世の中に、この2つの能力を兼ね備えている人は滅多にいない。

表向きは愛想がいいが、中身は結構短気だったり、好き嫌いが激しい人というのはどこの世界にもいる。

このような人が内部監査員になると、

「あいつは何となく気に入らないから、厳しく監査してやろう」

「あの部門は、いつも俺の言うことを聞かないから徹底的にいじめてやろう」

なんてことを考えないものでもない。

これでは良い内部監査なんかできっこない。

まあ、これほどでなくても、公平性と客観性を維持して監査するのは1人では難しいものだ。

そのために2人以上のチームでやる。

適用範囲である工場が散らばっていたら1チームでは不便だし、大企業なら何チームも必要となるだろう。

34　認証審査前の実施事項

　認証審査前にやっておかなければならないことがある。

　例えば、内部監査だ。

　内部監査は半年に1回と定めている会社が多いはずだ。

　その実施の機会が認証審査前に当たっていればいいが、認証審査後に当たっていたりすると、抜け落ちてしまう恐れがある。

　これでは認証審査で不適合になってしまう。

　認証審査前には、品質マネジメントシステムの中で「やる」と決めた事項は、たとえ期日が来ていなくても行われていなくてはならない。

　最初のうちは、構築したシステムに馴れていないので、決められた手順を飛ばしてしまったり、基準値から逸脱した際の取るべき処置を怠ったり、承認印を押すのをつい忘れてしまったり、ということがあったりするものだが、製造や設計など毎日行っていることについては、特に問題が噴出しなければ、全体的には「実施されている」ように見える。

　もちろん、管理責任者や推進事務局、部門責任者は、毎日やらなければならないことが、それぞれの部門や階層で確実に行われているか、行われていない場合は何が障害となっているのかなど、品質マネジメントシステムの日々の運用について心掛けるのは当然のこととして、半年に1回とか、年1回しか行われないような事項にも気を配らなければいけない。

　そうした忘れやすい項目としては、「測定器の校正と点検」「力量の評価」「供給者評価選定」「マネジメントレビュー」などがある。

35　認証審査　1

● 「明るい輩」に要注意？

さあ、いよいよ認証審査だ。
これまでの努力の成果が問われるときだ。
文書審査以上に、緊張感が漂う。
そんな中で、まるで心配事には無縁といった、やけに明るい輩がいる。
「しまった、あいつは審査からはずしておけばよかった」
「そういえば普段から呑気なやつで、その場の雰囲気も気にせず思わぬことをしゃべってしまう性格だった…」
「コンサルタントから、あまりおしゃべりな人は、余計なことまで話してしまうことがあるからと注意されていたっけ…」
と、自分の不注意をそのときになって後悔する。

● 実録：審査前打ち合わせ事件

ある会社での出来事である。
経営者と管理責任者、そして審査員が一同に集まって、認証審査前の打ち合わせをしていた。
その時、会議室の扉が突然勢いよく開き、ある部門の責任者が飛び込んできてこう言った。
「昨日チェックして気が付いた、抜けている記録の捏造ができあがりました！」
──経営者と管理責任者は顔面蒼白、審査員はあんぐりと口をあけ、何事かとあっけに取られていたそうだ。

そのときの経営者と管理責任者の気持ちを推しはかると、慰める言葉も出ない…

　その後、この会社の認証審査はどうなったか…？
　各方面に影響すると困るので詳細はお伝えできないが、今は品質マネジメントシステムを取得し効果的に運用している、ということをその会社の名誉のために申し上げておく。

36　認証審査　2

● 泣いても、スネてもダメ

　認証審査は、審査員チームがＪＩＳ規格を判断基準として、あなたの会社の品質マネジメントシステムの中に要求事項が定められているかどうか、実行されているかどうかを見るものである。
　大きな不適合があったり、小さな不適合であっても複数あると、審査をストップしてしまう場合がある。
　こうなったら、指摘に従って、構築したシステムを手直ししたり、改めて記録付けをして、もう一度認証審査にチャレンジするしかない。
　泣いたり、脅したり、情に訴えたり、拗ねたり、はたまた賄賂でごまかそうとしても、絶対に駄目だ。
　しかし、審査員チームは、JIS規格だけを法律として合格か不合格かを判断しているのではないようにも思われる。

　…本来ならまだ認証を与えられるレベルではないが、この会社の経営者や管理責任者、従業員たちの真面目な取り組み方と熱心さを見ると、自分たちで欠けているところを補って、より良い品質マネジメントシステムが構築できそうだな…
と、こちらの態度や意気込みによって、そんな思いが審査員の胸のうちに沸き起こらないとも限らないのではないか？
　受審する会社の認証取得への熱意や意気込みも、審査に加味しているように感じられるのである。
　どうも、私にはそんなふうにも思えるのだが、どうだろうか…

37　認証審査　3

● 早急な是正処置でスピードアップ！

　審査員チームは、その日の認証審査が終わるたびに、審査員だけで審査内容について検討する。

　どういう不適合があったか、その不適合はどのようなレベルか、良いところはどこか。

　公平性と客観性をもって検討していく。

　その審査結果については、そのつど審査を受けている会社に報告される。

　その中で、是正処置を指示された不適合項目については、大変だと思うが、その日のうちに管理責任者とISO推進事務局、そして当該部門の担当者が改善計画を策定し、認証審査の終了までに審査員チームに提出し、承認を受けておく。

　それは、認証承認の条件として是正処置の改善計画が提出され、その計画がチームリーダーである主任審査員によって承認されていなければならないからだ。

　認証審査が終わってから改善計画を提出しても構わないのだが、それだと

　「計画を策定する日数」＋「審査機関への郵送にかかる日数」＋「主任審査員が是正処置を確認する日数（主任審査員が在席していればいいが、たまたまほかの審査に出かけて1週間留守、なんていうこともある）」＋「審査機関が審査員チームの審査内容を検証する日数（週に1度）」＋「受審会社へ認証承認の合否を通知するのにかかる日

数」

と、たいへんな日数を費やしてしまう。

　これだと、日々の仕事の忙しさに、認証審査を受けたことなど忘れかけた頃に

「おめでとうございます！」

と連絡があるかもしれない。

　品質マネジメントシステムの認証は、審査員チームが与えるものではない。

　認証は、主任審査員が認証審査の報告書を審査機関に提出し、その内容を審査機関のしかるべき人達が検証して初めて合格と認められ、与えられるものなのである。

合格通知

38　2種類の5S

● 基本中の基本

　JIS規格は、品質という切り口で経営を行い、お客様の満足を獲得して、その結果、会社の維持と発展を目指すシステムだ。
　ぶっちゃけて言えば、「良い品質の製品づくりをして、お客様に喜んでもらい、どんどん買ってもらおう」ということだ。
　この品質マネジメントシステムを効果的に構築し、運用するためのキーワードが、「2種類の5S」である。

「第1の5S」は、
　　整　理：散らかっているものを片付ける
　　整　頓：散らからないように整える
　　清　潔：汚れておらず、きれいである
　　清　掃：汚れているところを、きれいに掃除する
　　躾　　：礼儀作法を教える
であり、「第2の5S」は、
　　整　理：必要なものと不必要なものを区別する
　　整　頓：不必要なものを取り除く
　　清　潔：必要なものが、いつでも、誰でも使えるようにする
　　清　掃：必要なものが、いつでも、誰でも使える状態を維持する
　　躾　　：整理・整頓・清潔・清掃ができるように教育訓練する
というものだ。

この「2種類の5S」を「会社の基本」と位置付け、経営者はもちろんのこと、全ての従業員が確実に実施できるようになれば、品質マネジメントシステムの構築と運用に並行して、自然と「お客様の満足」が得られる製品の達成に導かれるはずだ。

39　第1の5S

整　理：散らかっているものを片付ける
整　頓：散らからないように整える
清　潔：汚れておらず、きれいである
清　掃：汚れているところを、きれいに掃除する
躾　　：礼儀作法を教える

● 油断は禁物

　「第1の5S」の真髄は、「会社のあらゆるところが、たとえ作業中であっても片付けられ、掃除され、きれいな環境の中で、定められた手順に従って丁寧で迅速な製品づくりが行われている」ということである。
　現在、皆さんが取り組んでいる「5S」が、この「第1の5S」である。
　しかし、何年にもわたって取り組んでいるわりには何も効果が出ていない、という会社がたくさんある。
　このような会社では、会社の周辺・敷地の中・建物の周囲・営業車・事務所・トイレ・更衣室・休憩室といった、製造現場以外の場所が汚れている。
　あなたの会社の製品を買ってくれている消費者が、会社の前の通りを歩いているかもしれない。
　あるいは取引先や、新たな取引を希望する会社のセールスマン、またはVIPがふいに訪れるかもしれない。
　いつ、どこで、誰が何を見ているかわからない…
　目標が達成できないので、ヤケになって続けているのではないかと勘

ぐりたくもなるが、それでも取り組み続けているのは、この「５Ｓ」が、会社にとって何らかの効果があることが分かっているからだろう。

しかし、これでは何年かかっても何も効果が出ないのは当たり前だ。

●「５Ｓ」達成のポイント

「５Ｓ」を会社の習慣とするには、まず経営者から始める。

出社したら、経営者自ら会社の周囲から掃除を始める。

「櫂より始める」「率先垂範」というコトワザもあるじゃないか。

人に言う前に、まず自分が始めることの大切さを知らなくてはならない。

自分が行わなければ、人はやってくれないことの道理を悟らなければいけない。

しかも、「５Ｓ」だけではだめなのである。

本当は「７Ｓ」なのだ。

残りの「２Ｓ」とは、「サラリー（給与）」と「賞与」である。

仕事の能力や出来具合を給与や賞与で評価するように、「５Ｓ」に関しても評価してやることが、達成のための特効薬なのである。

極論を言えば、「第１の５Ｓ」が定着すると、あなたの会社が現在抱えている問題点の90％が解決できる。

これが「第１の５Ｓ」の持つ力である。

40　第2の5S

整　理：必要なものと不必要なものを区別する
整　頓：不必要なものを取り除く
清　潔：必要なものが、いつでも、誰でも使えるようにする
清　掃：必要なものが、いつでも、誰でも使える状態を維持する
　躾　：整理・整頓・清潔・清掃ができるように教育訓練する

●「第2の5S」と「JIS規格」は表裏一体

　「第1の5S」は日本の企業運営の基本とされ、業種に関係なく取り組まれているが、「第2の5S」も会社の活動には大切だ。
　この「第2の5S」を品質マネジメントシステムの要求事項と比較してみると、よく似ていることに気付く。
　「5S」とJIS規格の要求事項の類似している参考例を挙げてみよう。

1. 整理 ＝ JIS規格「8.2.4 製品の監視及び測定」の要求事項概要：合格品か不合格品か測定すること
2. 整頓 ＝ JIS規格「8.3 不適合製品の管理」の要求事項概要：不合格品が合格品に混入しないようにすること
3. 清潔 ＝ JIS規格「3. インフラストラクチャー」と「6.4 作業環境」の要求事項概要：必要なものを維持すること、必要な環境を運営管理すること
4. 清掃 ＝ JIS規格「7.5.1 製造及びサービス提供の管理」の要

求事項概要：情報、作業手順、設備、測定などを管理して製造すること
5. 躾 ＝ JIS規格「6.2.2 力量、認識及び教育・訓練」の要求事項概要：必要な力量がもてるように教育・訓練すること

このように、「5S」に当てはまるJIS規格の要求事項は、上記の例以外にも数多くある。

例えば、文書や記録の管理、設計・開発、購買、顧客の所有物、製品の保存、測定機器の管理、内部監査、プロセスや製品の監視と測定、データの分析、継続的改善、是正処置と予防処置など、ほとんどのJIS規格要求事項について「第2の5S」とクロスオーバーする。

ある意味では、「第2の5S」が品質マネジメントシステムの素となっているのではないかとも思える。

「第2の5S」は、あなたが品質マネジメントシステムを構築していく中で、自然に形を現していく。

41 最後に

● とにかく、基本は「5S」です

食品づくりの新しい管理手法として、
1. HACCP
2. ISO 9001：2000
3. HACCP に準拠した食品づくり
4. HACCP と ISO 9001：2000 の組み合わせ

の4つのやり方が、今注目を浴びている。

いずれの方法を採用するかは、それぞれの会社で決めればいいだろう。

また、これ以外の道を選択するのも構わない。

もっと素敵な考え方があるかもしれない。

しかし、どのような方法を行うにしても、基本は「第1の5S」である。

「第1の5S」がお座なりになっていると、どんなに素晴らしい管理方法を導入したとしても、それは砂上の楼閣となってしまう。

● 灯台下暗し

敷地内に紙くずが、洗面所のシンクに髪の毛が落ちているのに誰も拾わない。

従業員とすれ違っても、うさん臭そうに見るだけで、「いらっしゃいませ」の挨拶すらない。

多くの製造現場のこういった現状を、経営者や上級管理者は知っていますか？

「いや、ウチに限ってそんなことはない」と反論したいところだろうが、会社のおエライさんであるあなたがただからこそ挨拶しているだけだ。

どの従業員も会社の幹部、とくに社長には嫌われたくないから、挨拶しているだけだ。

「俺に挨拶しているから、お客様、従業員同士、業者にも挨拶をしているはずだ」なんて思っていると、大間違いである。

いつもお膳立てされた環境にいると、誰でも不感症になる。

だから、意外とおエライさんたちには、会社の本当の姿が見えてこない。

儲からない会社、従業員の入れ替わりの激しい会社、苦情が頻発する会社は、いま一度、会社全体を見回してみよう。

おかしな状態になっていないか、あるべき姿はどのようなものか、「5S」が実行されているか、じっくりと眺めてみよう。

そうすると、見えてくる。

「基本」に立ち戻らなければ、と気が付く。

HACCPやISO 9001：2000を導入する前に、まず「第1の5S」を会社の習慣としよう。

経営者と上級管理者は、率先して挨拶と掃除から始めよう。

上司になればなるほど、お手本になろう。

そうすれば、おのずから道は開かれ、今までの体質から脱却でき、しっかりと稼げる企業体質に変わることができるはずだ。

42　もう1つ、最後に

● あなたが、貴社の専門家

　JIS規格の要求事項の解釈は、百人百様と言われている。

　どのような会社にも適用できるように策定してあるために、人によって要求事項の捉え方が違ってくることがある。

　決して、審査員の言うことだけが正しく、認証を取得しようとしている会社の人々が考えたことが間違いであるとは言い切れないこともある。

　それは、貴方の会社についての専門家は、審査員ではなく皆さん自身だからである。

　ただ、注意しなければならないことは、本文「7 システム構築者への品質マネジメントシステムの基礎教育」のところで述べたように、「誰にでもその解釈の正当な理由を説明でき、相手がなるほどと納得する」ようでなければならない。

　認証の取得だけを目的にして、あるいは審査員を意識して品質マネジメントシステムを構築したのでは失敗する。

　品質マネジメントシステムは、JIS規格に基づいて自社の生き残りのために行う見直し・検討のシステムであり、全ての従業員が理解していて、実際に運用され、問題点の改善とより良い方法を発見するために行われるものでなければならないのである。

● これが絶対というものはない

　本書では、私が自社の1994年版と2000年版のISO認証取得と運用、そして色々な会社へのコンサルティングを通して、どのようにして品質

マネジメントシステムに取り組んだらよいのかについて記した。

したがって「これが絶対だ」というものではない。

もっと効果的なやり方があるかもしれない。

しかし、どのような方法を採るにしても、「第1の5S」を忘れては何もならない。

それは、品質管理の基本の90％が「第1の5S」の、そして残りの10％が「第2の5S」の励行によって、「品質マネジメントシステム」が全うできるからである。

せっかく苦労して認証を取得したはいいが、お客様の来社時だけとか、審査が入るときだけ「5S」に心配りをする、というような実態では、土台がしっかりしていないのにその上に家を建てるのと同じことで、いつかはその綻びが表面化して大変なことになる。

そして結局のところ、認証は取得しているものの本質的には何も変わっていない会社ということになる。

「第1の5S」を会社の習慣としてこそ、品質マネジメントシステムの効果的な運用ができるというものである。

まず「第1の5S」を励行、継続していこう。

いつ、誰が訪れても隅から隅まで自信を持って案内できるようにしよう。

本項の後に、私の所属する会社の弁当工場で、品質傾向が悪くなり始めた部門や、新人を含めた従業員教育に使用している「イラスト版5S」の一部を掲載した。

また、巻末に「ISO 9001：2000 認証取得計画表」を添付した。

併せて活用していただければ幸いである。

工場の約束事

～イラスト版５Ｓ～

その１　挨　拶

出社をしたら　おはようございます

帰りは　お先に失礼します

お願いしたら　ありがとうございます

お客様には　いらっしゃいませ

返事は　はい

工場の約束事
～イラスト版5S～

- その1　挨　　拶
- その2　身だしなみ
- その3　体調を管理する
- その4　遅刻をしない
- その5　更衣室で
- その6　ユニフォーム
- その7　ユニフォームの袖をまくらない
- その8　時計などの装飾品を身に付けない
- その9　作業中、マスクに触ったり外したりしない
- その10　作業室に入るときやアイテムが変わったときには、エプロンをアルコールで拭きあげる
- その11　ローラーがけ
- その12　エアーシャワー
- その13　入場チェック
- その14　手　洗　い
- その15　素手や破れた手袋で、野菜・包丁・まな板・コンテナなど什器備品を触らない
- その16　シンクで野菜を手洗いするときは、長手袋を使う
- その17　洗う前の野菜を触った後で、洗った野菜やコンテナを触らない

- その18　包丁やコンテナのヒビ・破損を発見したときは、速やかに報告する
- その19　迅速で丁寧な作業をする
- その20　コンテナや容器を床に置かない
- その21　よく見る！
- その22　「できない」とは言わない
- その23　アイテムが変わるとき、仕事が終わったときには後片付けをする
- その24　什器備品・掃除用具は決められた場所に片付ける
- その25　トイレに行くときは、ユニフォームを脱ぐ
- その26　軽度な傷やヤケドの処置
- その27　休　憩　室
- その28　ト　イ　レ
- その29　挨　　拶

工場の約束事

その2 身だしなみ

　毎日の入浴と洗髪、そしてヒゲ剃りが、毛髪混入防止の第一歩です。
　ヒゲも毎日抜けます。
　ですから、毎日出社前にヒゲを剃ってください。

ひげそり

　毎日の入浴と洗髪は、抜けかかっている毛、抜けて他の毛に絡み付いている毛などを、取除いてくれます。
　ですから、毎日入浴と洗髪をしなくてはなりません。

毎日の入浴

出社前には、毛髪をブラッシングしてください。

　抜けかかっている毛髪、抜けて他の毛髪に絡み付いている毛髪を取り除くことで、作業中の毛髪の落下を防止します。

出社前のブラッシング

　厚化粧や香水は、商品に香りが移り、お客様からの異臭苦情の原因になります。

　ですから、厚化粧や香水は禁止です。

香水・禁止・

　爪の長さは、指先と同じくらいに切ってください。爪が長いと手洗いのときにキレイに洗えないし、作業中に手袋を破ることにもなります。

　爪の間には微生物が多く、その結果、商品が微生物に汚染され、異臭や腹痛、下痢などの苦情の原因になります。

　また、マニキュアは剥がれやすく、異物混入の原因になります。

　ですから、長い爪やマニキュアは禁止です。

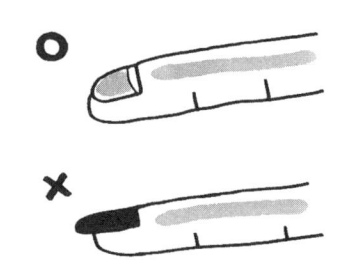

マニキュア禁止

工場の約束事

　会社では、イヤリングやネックレス、指輪などの装飾品を付けないようにしてください。

　これらの装飾品の裏側には、微生物がたくさん付いており、手洗いのときキレイに微生物を洗い流せません。

　また、ネックレスの紐が切れて、小さな飾りが商品に混入したりすると苦情の原因となります。

　それに、会社で紛失したり盗難にあうのも嫌なものです。

イヤリング・ネックレス・指輪等．禁止

　袖が破れていたり、毛足の長いフワフワした私服を着てきてはいけません。

　繊維が千切れたり、長い毛足が抜けると、異物混入の原因となります。

破れた服 禁止 　　　フワフワした服も×

その3　体調を管理する

カゼに注意して下さい。
外から帰ったら、うがいと手洗いを忘れずに。

「酒は飲んでも呑まれるな」
はしご酒、深酒は禁物です。

「暴飲暴食」は慎んでください。
何事も「腹八分目」です。

工場の約束事

その4　遅刻をしない

　必要な人だからこそ、採用したのです。
　貴方が遅刻したら、そのぶん仕事が遅れ、お客様にも、一緒に働いている他の人にも迷惑をかけてしまいます。
　もしも電車が不通であるなど、やむを得ない事情のときは、電話で遅れてしまうことを報告してください。

その5 更衣室で

ユニフォームに着替えるときは、腕時計を外してください。

腕時計の裏側には、イヤリングやネックレスと同様に、微生物がたくさん付いています。

そのため、手洗いのときには、腕時計を付けていたところは特に念入りに洗ってください。

腕時計を はずす

私服やユニフォームを更衣室の床に直接置いてはいけません。

床には、毛髪やホコリが落ちており、また、微生物がたくさんいます。

それらがもしもユニフォームに付着して作業室に持ち込まれると、異物混入や異臭、腹痛、下痢などの苦情の原因になります。

床に服を置いてはいけない

社員は自分が着替える際に、毛髪やホコリが落ちていないか確認し、もし床が汚れていたら掃除をしてください。

床の掃除くらい、ものの2～3分でできるし、苦情を回避することにもつながります。

「高品質な商品づくり」には、こうしたちょっとした目配り、気配りが大切なのです。

工場の約束事

　更衣室は、私服からユニフォームへ、またはユニフォームから私服へと着替える部屋です。

　タバコを吸ったり、お菓子を食べる部屋ではありません。

　タバコは出火原因となり、工場の機能を停止させ、商品の出荷ができなくなったり、最悪の場合は、取引停止になってしまうこともありえます。

　また、お菓子のクズは、ネズミやゴキブリを呼び寄せ、食中毒菌を繁殖させ、食中毒を引き起こし、取引停止の原因にもなります。

　したがって更衣室でタバコを吸ったり、お菓子を食べたりすることは、禁止です。

その6 ユニフォーム

まず最初は帽子からです。

①長い髪は、髪止めでまとめてください。

長いままだと、帽子から髪の毛がはみ出し、毛髪混入の原因となります。

②内帽子で毛髪と耳をすべて覆ってください。

この内帽子の段階で、毛髪がはみ出さないようにすることが大切です。

内帽子から毛髪がはみ出すと、毛髪混入の原因となります。

③内帽子の上から外帽子を、被ってください。

アゴの部分は、透間があかないように顔を天井に向けてください。

このときに、もう一度毛髪がはみ出していないかを確認し、もしはみ出していたら最初からやり直してください。

これが、帽子を被るときの約束事です。

工場の約束事

次は、ユニフォームの着方です。

ユニフォームの着方

- 帽子から毛髪がはみ出していない
- 鼻と口をマスクで完全に覆う
- 外帽子の裾は上着の中に入れる
- 上着のファスナーは一番上まで
- 上着はズボンの中に入れる
- 袖口はバンドで止める
- 裾口もバンドで止める

帽子とユニフォームを身に付けたら、鏡で自分のユニフォーム姿を確認してください。

　下図のように、汚れたユニフォームや靴の着用は禁止、弁当箱やサーフボードなどの私物は、持ち込み禁止です。

　汚れたユニフォームや靴には、微生物がたくさん付いています。

　それによって商品が微生物に汚染され、異臭や腹痛、下痢などの苦情の原因となったり、あるいは大きな汚れ、例えば弁当の米粒が混入したりしたら、異物混入の原因となります。

　また、私物の持ち込みは、不必要なものを除去するという「５Ｓ」の項目に違反します。

　工場での商品づくりに弁当箱やサーフボードが必要ですか？

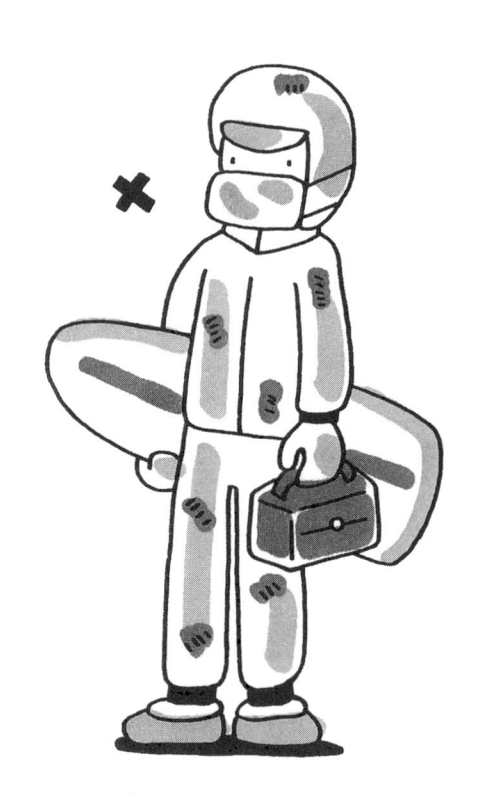

私物 持ち込み 禁止

工場の約束事

> その7　ユニフォームの袖をまくらない
> その8　時計などの装飾品を身に付けない

腕捲くりはダメ　✗

半袖はダメ　✗

腕時計や指輪はダメ　✗

イヤリング
ネックレスは
ダメ　✗

> その9 作業中、マスクに触ったり外したりしない

マスクを
触らない

マスクを
外さない

> その10 作業室に入るときやアイテムが変わったときには、エプロンをアルコールで拭きあげる

　目に見える汚れがあるときは必ず拭き取り、その後にアルコールで拭きあげてください。

　汚れがあるとアルコールの消毒効果はなくなります。

工場の約束事

その11 ローラーがけ

①ローラーがけは、毛髪やホコリを取る一番効果的な方法です。

帽子のてっぺんからズボンの裾まで、くまなくローラーがけをしてください。

ローラーがけは、2人で交互に行うと背中や肩などが確実にかけられます。

ローラーがけ（2人組での）

=3
=3…

②ローラーがけは、上から下へとかけるのが基本です。
ローラーは、テープの粘着力がなくなると効果を発揮しません。
かける前にはローラーの粘着力を確認してください。

工場の約束事

その12 エアーシャワー

　エアーシャワーを浴びるときは、ゆっくりと身体を回転させながら、両手でユニフォーム全体を軽く叩いてください。

　ローラーがけで取り除けなかったホコリを取ります。

　エアーシャワーは、定められた人数で使用してください。

　定員以上では、エアーが十分にユニフォームにかからず、ホコリを工場内に持ち込んでしまいます。

エアーシャワー

その13 入場チェック

　工場に入る際には、まず入場チェックをします。

　この入場チェックは、ユニフォームからの毛髪はみ出しやユニフォームの汚れ、繊維クズの付着、ユニフォームを正しく着用しているかどうか、そして入場者の健康状態や傷を確認します。

　この入場チェックがいい加減だと、商品に毛髪や繊維クズが混入したり、黄色ブドウ球菌の汚染により、食中毒事件を起こしてしまいます。

　また、風邪をひいていたり下痢をしている人は、病原性の微生物に汚染されている場合があるため、商品の喫食者に腹痛や下痢などの症状を発症させることがあります。

　こうした人を入場前に確実にチェックし、食材に直接触れさせない作業に振り分けることが重要です。

　なお、傷やヤケドを負っていたり、ニキビのある人は、黄色ブドウ菌の保菌者です。

　したがって、入場チェックを確実にすること、そして健康状態の悪い人を入場禁止にしたり、食材に直接触れない作業に移動させることは、工場の約束事です。

入場チェック

工場の約束事

その14 手洗い

手洗いの基本は、「もみ手」です。
また、手の乾燥の基本は、確実に水気を取ることです。

①流水洗い

流水で指先から手首まで「もみ手」をしながら洗います。

これは、手の皮膚やシワに付着している微生物や汚れを少なくし、このあとの洗剤洗いの効果を高めます。

②洗剤洗い

洗剤で指先から手首まで「もみ手」をしながら、十分に泡立てて洗います。

③爪洗い

ブラシで爪や爪の間を洗います。

爪の間には、微生物がたくさんいますので丁寧に洗ってください。

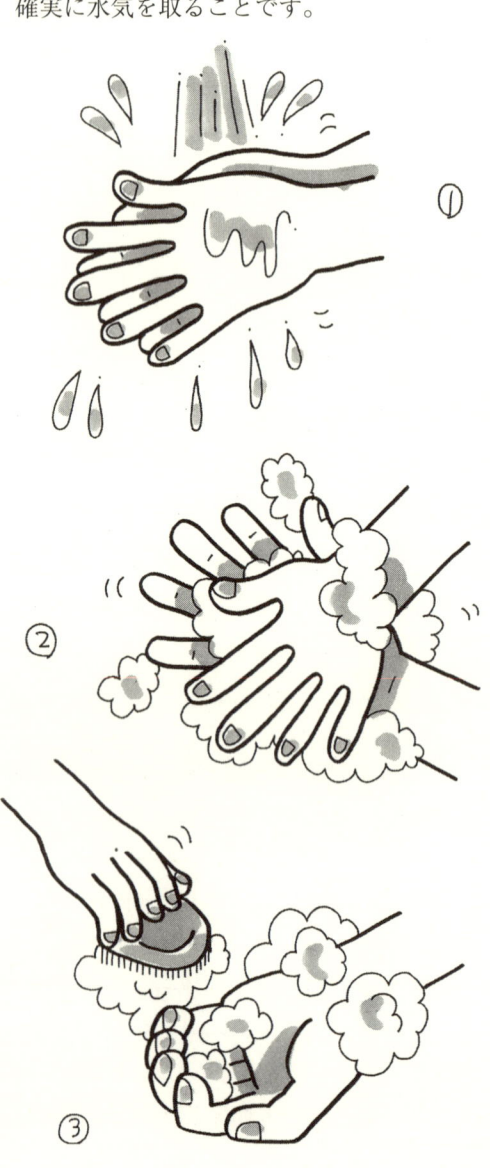

④水洗い

流水で指先から手首まで「もみ手」をして泡を落とします。

⑤手拭き

エアータオル、ペーパータオルともに、水気を確実に取ってください。

⑥ペーパータオルは、手で丸めて小さな玉にしてゴミ箱に捨てください。

⑦アルコール消毒

アルコール消毒も「もみ手」をして手全体にアルコールをのばします。

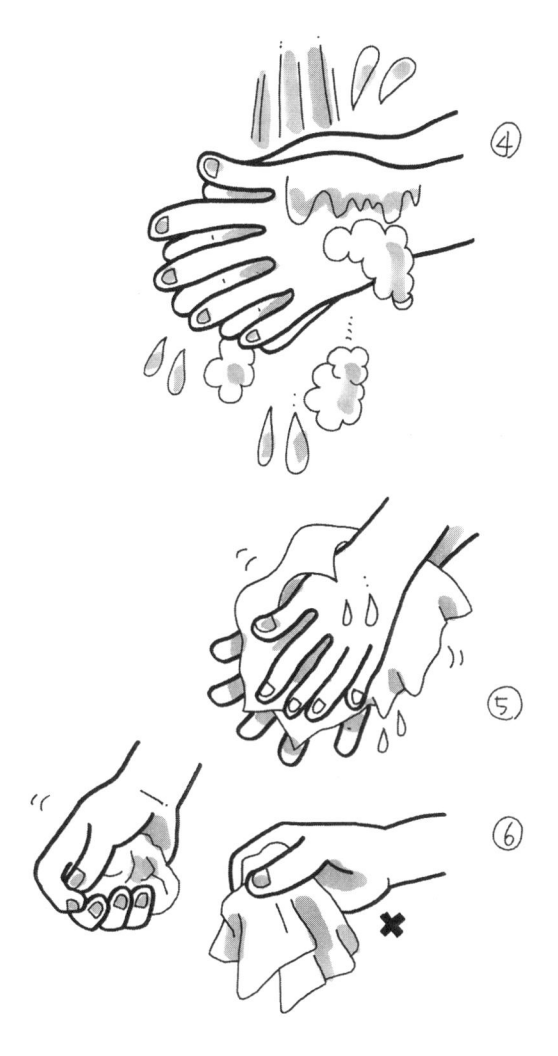

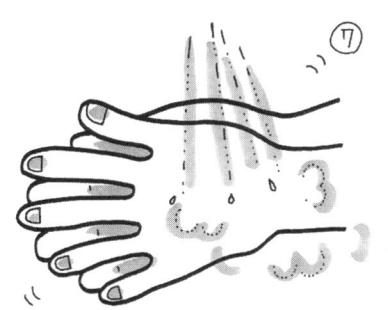

工場の約束事

> その15　素手や破れた手袋で、野菜・包丁・まな板・コンテナなど什器備品を触らない

素手や破れた手袋でさわらない.

> その16　シンクで野菜を手洗いするときは、長手袋を使う

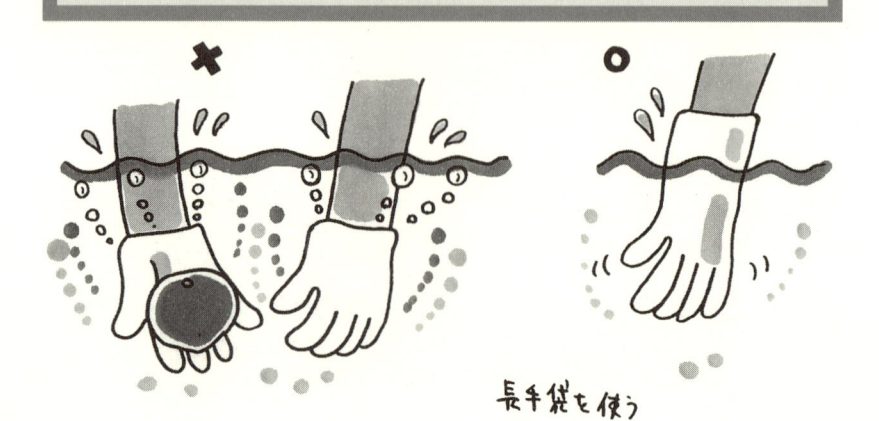

長手袋を使う

その17 洗う前の野菜を触った後で、洗った野菜やコンテナを触らない

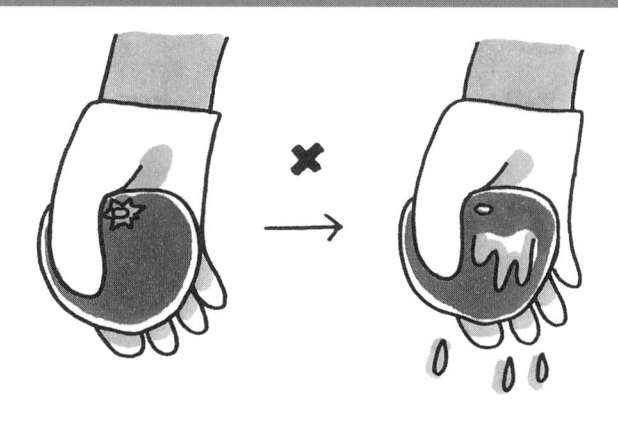

その18 包丁やコンテナのヒビ・破損を発見したときは、速やかに報告する

工場の約束事

その19 迅速で丁寧な作業をする

　1時間に20 kgの野菜をカットしても、作業台やまわりの床に野菜屑を散らかしてしまえば、それに滑って下手をすると怪我をしてしまうこともあるし、靴底にこびりついて歩くたびに別の床を汚してしまい、あとの掃除に時間がかかります。

　反対にまわりを汚さないように作業をしても、1時間に10 kgしかカットできないようではコストがかかりすぎ、会社はお金を稼ぐことができません。

　また、野菜屑があるということは、そこに微生物が増え食中毒の危険性が潜んでいることにもなります。

　いずれにしても乱暴でゆっくりな作業には"百害あって一利なし"。

　"迅速で丁寧"をモットーとしましょう。

その20 コンテナや容器を床に置かない

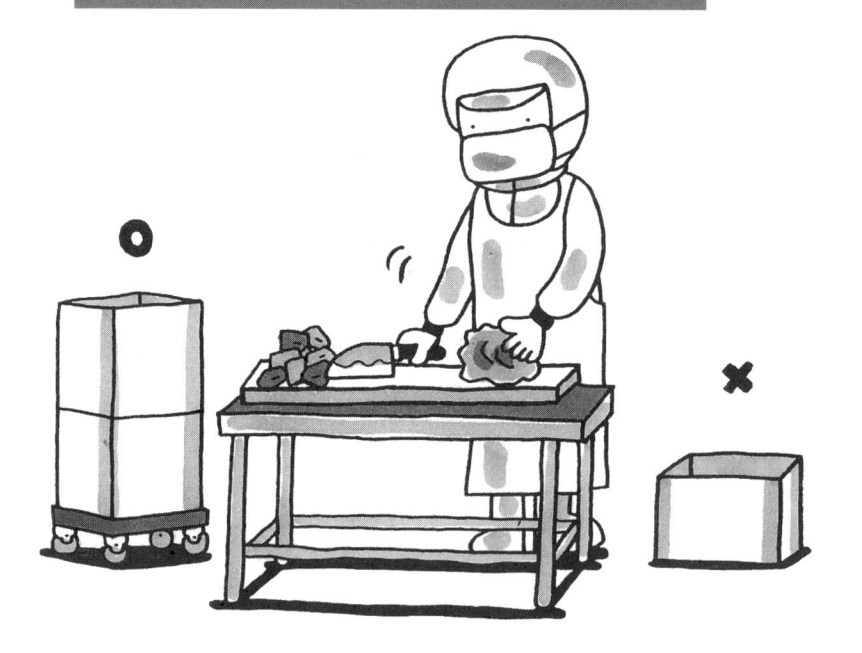

　コンテナや容器は、原材料、仕掛品、半製品そして製品を保管するもので、汚れがなく、清潔でなければなりません。
　そのコンテナや容器を、見た目にはきれいに掃除してあっても、微生物だらけの床に直接置くことは、食品づくりをする工場にとって許されざる違反行為です。
　コンテナや容器のほか段ボール箱、一斗缶など、どのような物でも絶対に床に直置きせず、台車やパレットを利用してください。

工場の約束事

その21 よく見る！

どんな作業でも、野菜の褐変や劣化、虫・毛髪・ビニール片・プラスチック片・別の種類の野菜片など異物を発見するために、よく見ること！

その22 「できない」とは言わない

どうしたらできるか、考える。
一人では無理なときには、みんなで考える。

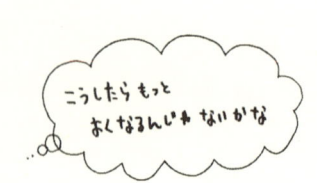

その23 アイテムが変わるとき、仕事が終わったときには後片付けをする

後片付けをする

工場の約束事

> **その24　什器備品・掃除用具は決められた場所に片付ける**

　無駄のない効率的な作業、細菌が制御され、異物混入のない安全な製品づくりには、掃除と3定—定められた場所に、定められたモノを、定められた量だけ保管する—が約束事です。

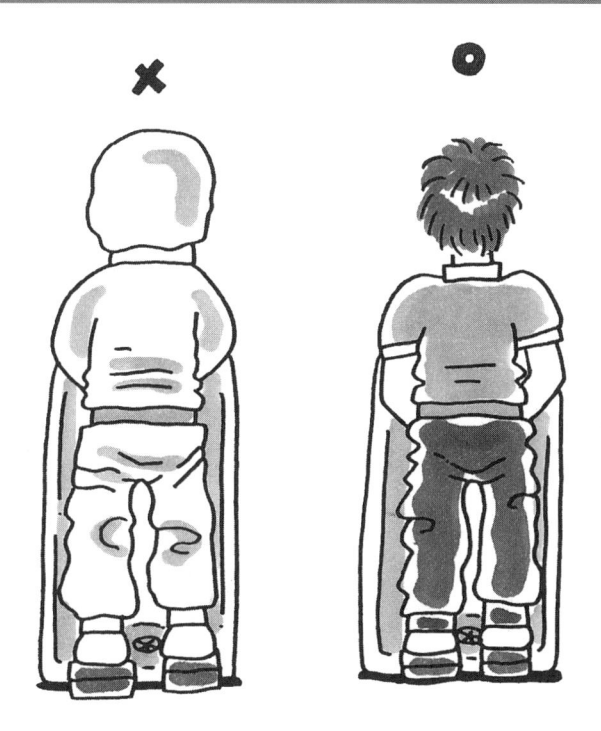

その25　トイレに行くときは、ユニフォームを脱ぐ

　トイレには目に見えない微生物が、それも大腸菌（病原性を含む）が数多くいます。
　そんな場所にユニフォームのまま入ると、まずユニフォームが汚染され、次にユニフォームから作業場と食品を汚染し、最後にお客様がその食品を食べることによって食中毒となるかもしれません。
　トイレには、帽子、マスク、ユニフォーム、リストバンド、作業靴などすべてのユニフォームを脱いで行ってください。

171

工場の約束事

その26 軽度な傷やヤケドの処置

①入場チェック時を含めて、作業中に負った傷やヤケドの程度を判断します。

もちろん中度以上の場合は、病院に任せます。

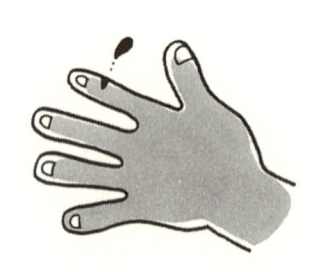

①

②手当をしたうえで会社用の傷テープを支給します。

この傷テープは、普通に見られる肌色とは違う赤や黄色などの目立つ色の傷テープにしてください。

傷テープは、支給と回収を管理します。

傷やヤケドには、黄色ブドウ球菌が発生しますので、作業中に傷テープがはがれて紛失したなどということになったら、異物混入の苦情だけでは済まないかもしれません。

それが原因で食中毒事故となり、あるいは会社が倒産する事態もありえます。

③傷テープの上から手術用手袋をし、手首を色付きテープでしっかりと止めます。

　この手術用手袋は、作業が終わり、傷テープを回収するまで、絶対に外してはいけません。

④作業は、手術用手袋の上から手袋をして行います。

⑤傷やヤケドが治ったかどうかの判断は、患部のふき取り検査の結果、黄色ブドウ球菌が検出されないことを確認してください。

　また、家でケガをしたときは、出社時に報告します。

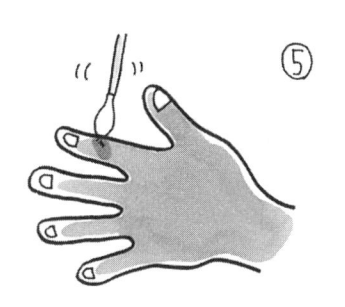

工場の約束事

その27 休憩室

休憩室は、使ったあと片付けてください。

タバコの吸い殻が一杯になった灰皿を、テーブルに置いたままにすることや、椅子を揃えないまま作業に戻ったりしてはいけません。

また、ジュースの空き缶やゴミは、指定されたゴミ箱に入れること。

これが休憩室の約束事です。

休憩室の約束事が守られない場合、「高品質の商品づくり」は不可能です。

それは、安心、安全な、より良い商品づくりのために、様々な教育をした効果というものが、休憩室の使い方やトイレの使い方、挨拶に現れるからです。

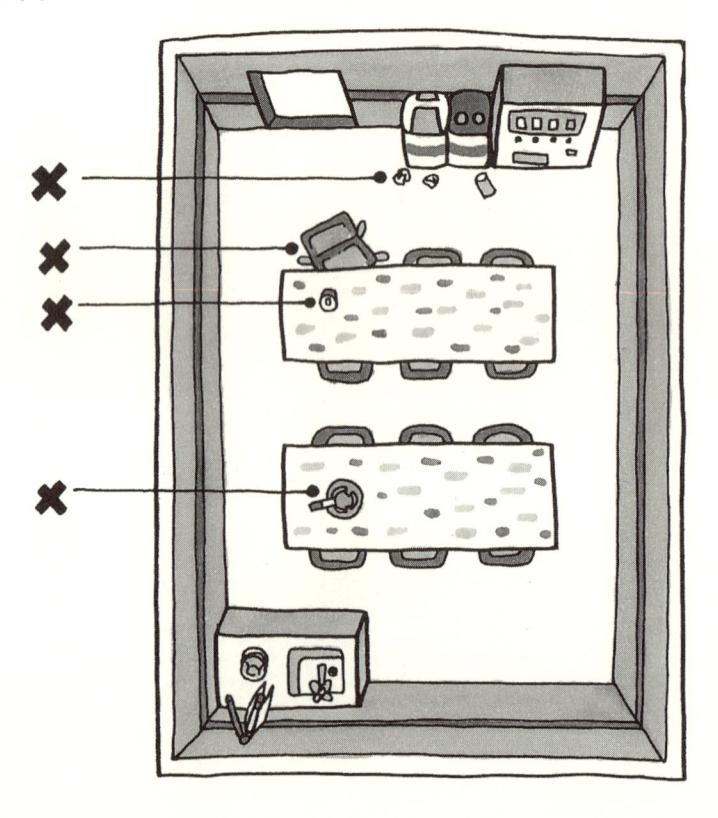

その28 トイレ

トイレは汚さずに使ってください。

もし汚してしまったら、すぐに掃除をしてください。

また、トイレのスリッパは、次に使う人のためにトイレの中方向にスリッパのつま先を揃えておいてください。

これがトイレの約束事です。

トイレの約束事が守られない場合、「高品質の商品づくり」は不可能です。

それは、安心、安全な、より良い商品づくりのための様々な教育が、表からは見えない、例えばトイレや休憩室の使い方に現れるからです。

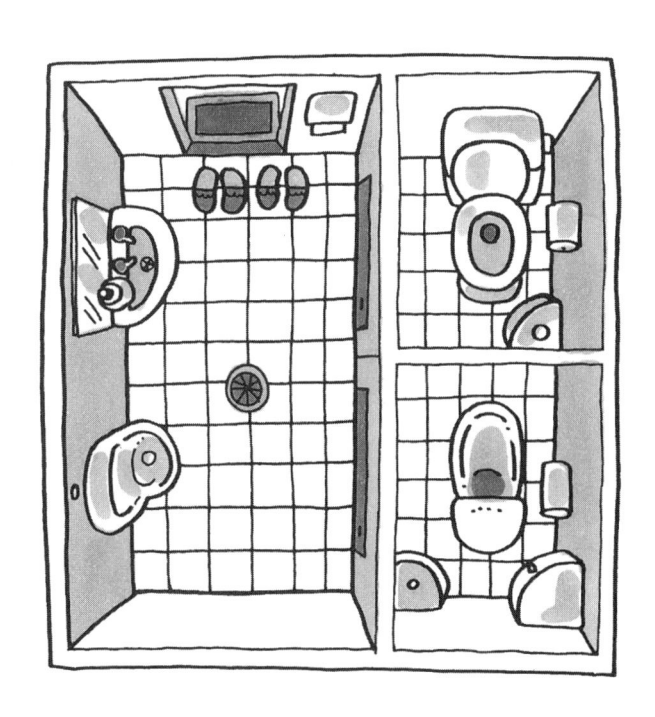

工場の約束事

その29 挨　　拶

　全国には様々な会社がありますが、品質評価の高い会社は、いずれも挨拶が素敵です。
　会社を訪れたときに、事務所の人全員が立ち上がり「おはようございます」
　工場の廊下ですれ違う際、立ち止まってお辞儀とともに「おはようございます」
　作業室をのぞくと、作業の手を休められるときにはこちらを向いて「おはようございます」
と、全ての人が自ら進んで挨拶をします。
　「高品質な商品づくり」には、社員教育が大切であり、その教育の第一歩が挨拶であり、また、安心、安全な、より良い商品づくりのための様々な教育の成果が、挨拶、トイレや休憩室の使い方に現れるのです。
　私たちはみんな「高品質な商品づくり」を目指しています。
　だからこそ「おはようございます！」の挨拶は大切です。
　お客様、仲間同士、他部門の人、修理にきたメーカーの人…どんな人にも自分から明るく元気よく挨拶してください。

あとがきに代えて―（株）ストラップ ISO 取得

　本書の原稿執筆、制作と並行して、著者の永坂氏がコンサルタントを始めた会社がある。
　カット野菜の製造を手掛ける（株）ストラップである。従業員数16名、ISO 9001：2000 取得を目指して2003年9月9日に「キックオフ」宣言をした。
　認証審査の結果、2004年5月に認証を得られたとの連絡がありインタビューにうかがいました。

■ 手塩に掛けて育てたストラップISOチーム

　　　―今回コンサルされた会社がめでたく認証をお取りになったのですが、ご感想はいかがでしょうか。
永坂　昨年の9月9日に「キックオフ」宣言をしてから8か月目に認証審査に漕ぎ着けたわけですが、ストラップはこれまでの中で一番苦労したというか手塩にかけた会社でした。

永坂敏男さん

　　　―それはどういうことでしょうか。
永坂　私がこれまでにコンサルしたところは、300名以上のところが多かったのですが、大きな会社だと社内のISO推進事務局員はそれ専属に掛かり切ることができて、打ち合わせなども就業時間の中で行うことができました。
　　　しかし、ストラップでは、管理責任者といえども現業に携わりながらの作業なので、朝7時に来て夜10時、11時というのがほと

んどでした。

1日8時間契約なのにほとんど倍、掛かりました（笑い）。

——それはご苦労様でした。

永坂　それは苦労の一つです。他にも手順書などを例に取ると、通常は部課長さんがその部門のものを作成するのですが、そうした仕事に手練れがいない。どうしても管理責任者が一人で引き受けてしまう形になり、それから現場に落とし込んでいくというスタイルです。時間と忍耐が必要でした。

今回のコンサルを通して、「やればできる」、「やる気があれば取れる」という本書の精神は間違いなかったと改めて確信しました。

——かなりきつかったようですが、それをやり通した力は何処にあったのでしょうか？

永坂　正直ホッとしているのですが、「お客さんが求める品質を作らないと生き残れない」という事だと思います。ストラップが「ISOに挑戦している」ということが口コミで広まったのでしょう、新しい契約がそういう理由で取れたようです。

お客さんの満足がリピートに繋がり、新しいお客さんが増える。それが会社を安定させ翻って社員の生活の余裕に繋がるのです。

——それをみんなが理解した、ということでしょうか。

永坂　全員同じ理解の深さとは言えませんが、パートの人もアルバイトの人もよく頑張ったと思います。社員とパートの人を入れ替えようかと思ったくらいです（笑い）。

——最後に締めくくりの言葉を頂きたいのですが。

永坂　ISOはまじめにやらないとお荷物になるシステムです。今回の最終審査で「もっと勉強しておけばよかった」と皆思ったはずです。その気持ちを忘れずに日々改善に取り組んでください。

そして、本書を読まれる方には、「チャレンジする気持ちはいつの時代も大切だ」とエールを送りたいと思います。

—どうも有り難うございました。

■ 尽せし事を忘るとも受けし思いは忘るべからず

　　—この度は大変ご苦労さまでした。またおめでとうございます。

保坂社長　大変有り難うございます。永坂さんの深い愛情と厳しい進言でここまで来ることができました。この間のことはまさに「高校三年生」の歌にある「泣いた日もあり、笑った時も」のような、社員一同苦楽をともにした貴重な時間でした。

保坂義一　様
（株）ストラップ　社長

ISOのなんたるかをまったく知らない私や社員を、よくここまで引き上げていただいたと感謝しております。人間、情だけ掛けては育ちません。やはりしっかりした基準と規律が必要です。

ストラップは今年で創業15年を迎えました。私は60歳で起業しましたが、何とかそれを形に残しておきたいと思いISOにチャレンジいたしました。

しかし、これほど厳しいとは思いませんでした。

ISOの現実は厳しい、しかしこれからが真のISOだと思って継続的改善に取り組んでいきたいと思っております。

　　—ありがとうございました。保坂社長が座右の銘にされている言葉があるとうかがいましたが。

保坂社長　それは、こういうものです。「尽せし事を忘るとも受けし思いは忘るべからず」です。

どんな世の中になっても中心のはずれた事をしてはいけないということです。まじめにやんなさいということです。皆さんから受

けたご恩は忘れず、他人様に尽くしたことは忘れる。これが心情です。そして、日頃の生活態度は、「はい」という返事で言われたことをきちんと受け止め、「ありがとうございました」という感謝の気持ちを忘れずに、そして間違いを指摘されたらすなおに「すみません」と詫びる気持ち、これが大切です。

職場の5Sにも繋がるものです。

　——どうも有り難うございました。

■見えないものを見せてもらったISO

保坂俊昭　様
(株)ストラップ　浦和事業所 所長

——今回は管理責任者ということで大変苦労された様ですが、いかがでしょうか？

保坂所長　ISOとの出逢いはお客様の声でした、品質が大事だよと。品質管理やHACCPの講習会などに参加しISOと出逢い、永坂さんと出逢いました。

本を読んでも理論的なことは書いてあるのですが具体的にどう進めていくのかは分かりませんでした。管理責任者を目指す方に申し上げますが、本来はそうじゃないと思いますが、管理責任者は孤独だと思います。自分のISOへの理解を深めると同時に、職場へは「目配り」「気配り」「心配り」が大切です。

ISOの素晴らしいところは、取り組む中で「見えないものを見させてもらった」ということです。上っ面だけでは分からなかった事を見させてもらって、評価・改善に繋がりました。

仕事は、情で進めて行くところがありますが、判断の基準はISOの品質管理が必要です。

―管理責任者の方は、やはり孤独ですか？　何が支えになったのでしょうか？

保坂所長　永坂さんからは、管理責任者で「胃潰瘍」になったとか「円形脱毛症」になったとかいろいろな人がいたと聞かされていました。しかし、自分はそうはならないと思っていましたが、3か月前に神経性の頸椎炎になり首が回らなくなりました。本審査1か月前に胃腸炎になりました。でも途中で止めようとは思いませんでした。絶対この苦労は報われると信じてやってきました。絶対に会社はよくなるんだという確信がありました。管理責任者の責任は重く、自分の大半の時間を費やさないとできない役です。しかし人の何十倍、何百倍も勉強させてもらいました。そして、審査に合格したときの達成感の歓びを信じて続けてきました。
「推薦します」と聞いたとき大泣きするかと思いましたが、涙は出ませんでした。
こらから実感が湧いてくるのでしょうか。経験させてもらって自分も成長できたと思います。これが感想です。

　―どうも有り難うございました。

　インタビュー後、皆さんで乾杯し、そしてまた仕事へと向かわれました。新しい改善に向けて。

（株）ストラップ浦和営業所の皆さん

ISO 9001：2000認証取得計画表

フロー図	計画期日	実施期日	ポイント	担当者
経営者の決断			認証取得は経営上の戦略	
認証取得年月の決定			いつ認証取得をするのか決定	
管理責任者・事務局の設置			管理責任者／ISO推進事務員の選任	
認証取得計画表の立案			各段階の計画と認証取得月の策定	
認証取得のキックオフ宣言			認証取得活動の開始を組織内に告知	
ISO基礎教育			ISO構築者のための基礎知識教育	
8 原 則／JIS 規 格／5 S／一般的衛生管理／危害分析			ISO基本思想／JIS規格の要求事項の概要／食品会社の原則／自主管理プログラム／弱点の把握	
文書段階の構成			品質マニュアル、規定書、手順書、関連文書、記録	
「文書作成手順」の作成			文書作成の標準化（読みやすく）	
ISO基本構想の決定			ISO構築の足場づくり	

適用範囲
- 引用規格
- 顧客要求
- 法規制要求
- 組織要求
- 除外事項
- プロセス

説明：
- 組織のQMS範囲
- ISO規格4種類からの選択
- 顧客要求の組織/製品/品質に対する要求事項
- 該当法規制の選択
- 組織の製品品質に対する要求事項
- ISO規格7.の除外事項の有無
- プロセスの決定

↓

ISO組織図の作成

説明：
- 組織のISO範囲内の組織図

↓

業務（責任/権限）

説明：
- 部門/階層の業務　部門/階層の責任と権限

↓

プロセスフロー
- 危害分析
- 対策
- 管理点
- 記録
- 関連文書

説明：
- プロセスのフロー図の作成
- 製品品質に対する各種危害の分析
- 危害防止対策の立案
- 製品品質に対する管理点
- 製品品質に対する実証の証明
- プロセス運用に不可欠な文書の選択

↓

プロセスの判定基準

説明：
- プロセスの運用効果判定基準（判定可能時）の決定

↓

プロセスの判定機会

説明：
- プロセスの運用効果判定機会の決定

↓

QMS計画
- 製品
- 品質
- 品質維持の仕組
- 資源配分計画

説明：
- ISOの骨子構築
- 顧客に提供する製品の決定
- 製品品質の決定
- 製品品質を維持するための仕組の決定
- 製品品質を維持するための資源提供方法の決定

プロセスの相互関係	プロセスの順序/相互関係の明確化
QMS計画書の作成	ISOの骨子の文書化(必要時)
文書/記録	
文書/記録の整理	ISOに不可欠な文書/記録の整備
外部文書	ISOに不可欠な既存の文書/記録の整理
内部文書	組織外から配布される必要/不必要な文書
	組織内で作成される必要/不必要な文書
記録	組織内で作成される必要/不必要な記録
文書/記録一覧表の作成	外部/内部文書と記録の一覧表
文書審査の申し込み	文書審査の2ヵ月位前(自社の希望審査期日の確保)
文書/記録の作成	ISOに不可欠な文書/記録の修正と作成
記録	既存記録の活用 新しく作成する記録
関連文書	既存関連文書の活用 新しく作成する関連文書
手順書	既存手順書の活用 新しく作成する手順書
規定書	既存規定書の活用 新しく作成する規定書
品質マニュアル	規格要求事項に従った組織の品質マニュアルの作成
1.適用範囲	ISO運用の範囲
2.引用規格	ISO規格4種からの選択
3.定義	組織の特異な用語の説明

左側（フロー図）

- 4. QMS
- 5. 経営者
  - （品質方針）
  - （品質目標）
- 6. 資源
- 7. 製品実現
- 8. 測定分析

↓

マトリックスの作成

↓

文書/記録の検証 —NO→ 修正

↓

文書審査
- YES
- NO → 不適合改善 —YES→ 再審査 —YES→
  - NO

↓

ISO基礎教育1.0

- QMS計画書
- 品質方針
- 品質目標
- 品質マニュアル
- 規定書
- 手順書

右側（説明）

- プロセス、文書/記録の管理方法
- 経営者の責任
- 資源の提供（人的/その他の資源）
- 製品実現の方法
- プロセス、製品の測定、分析、不適合の改善処置

- プロセス対JIS規格　プロセス対部門/階層
- 文書間/記録間の整合性確認
- 文書間/記録間の不整合修正

- ISO運用に必要な文書/記録のサンプリング審査

- 文書審査からの不適合の改善

- 従業員への自社のISO基礎教育

- 自社のQMS
- 自社の方向性
- 自社の品質方針達成のための品質目標
- 自社のISOの概要
- 自社の各部門共通の約束事
- 自社の一部門だけの約束事

関連文書／記録	自社のISO運用に不可欠なその他の文書／自社の実証の証明
予備審査の申し込み	認証審査前に受審（不適合の改善期間保持）
ISO運用キックオフ	ISO運用開始の宣言
認証審査の申し込み	認証審査3ヵ月位前（自社の希望審査期日の確保）
内部監査員研修	内部監査員は有資格者
8原則／JIS規格／品質マニュアル／内部監査／内部監査の演習／修了テスト	ISO原則の解説／JIS規格要求事項の解説／自社の品質マニュアルの解説／内部監査の詳細解説／内部監査のロールプレイ／内部監査員教育の検証
YES → 内部監査員修了書／NO → 再研修 → 再修了テスト → YES	
内部監査員修了書	内部監査員有資格者の認証
認証審査前の実施事項	定めた実施月に関係なく認証審査前に行う
供給者の評価選定／測定機器の校正／点検／内部監査	自社の新規／既存の供給者の評価選定／自社の測定機器の校正／点検／自社の第1回内部監査の実施
マネジメントレビュー	自社の品質マネジメントシステムの見直し

予備審査 → NO → 不適合改善 → YES → 認証審査 → NO → 不適合改善 → YES → 再審査 → NO/YES → ISO認証取得 → ISOの維持・向上

YES（予備審査→認証審査）
YES（認証審査→ISO認証取得）

- オプション：キックオフ後 1 ヵ月位
- 予備審査からの不適合の改善
- ISOの運用状況の審査
- 認証審査からの不適合の改善（即日）
- 自社の品質マネジメントシステムの適合性の認知
- 自社の品質マネジメントシステムの継続的改善

役割	役職	氏名
経営者		
経営者		
経営者		
管理責任者		
管理責任者		
管理責任者		
ISO推進事務局		
ISO推進事務局		
ISO推進事務局		
ISO推進事務局		
ISO推進事務局		

役割	役職	氏名
部門		
部門		
部門		
部門		
部門		
部門		
部門		
部門		
部門		
部門		
部門		
部門		
部門		
部門		
部門		
部門		

やるぞ!!　とるぞ!!
HACCP/ISO（9001：2000）
こうして進める認証審査までの取組

2004年6月20日　初版第1刷発行

著　者　永坂敏男
発行者　桑野知章
発行所　株式会社　幸書房
〒101-0051 東京都千代田区神田神保町1-25
phone 03-3292-3061　fax 03-3292-3064
Printed in Japan 2004©　　URL：http://www.saiwaishobo.co.jp

平文社

本書を引用，転載する場合は必ず出所を明記してください。
万一，乱丁，落丁がございましたらご連絡下さい。お取替えいたします。

ISBN 4-7821-0244-5　C3058